U0338398

青浦区
农业气象服务手册

主编 张德林 李 军

编著 周厚荣 沈 洁 张佳婷

　　　陆佳麟 步春花 季旻骊

气象出版社
China Meteorological Press

图书在版编目（CIP）数据

青浦区农业气象服务手册 / 张德林，李军主编 . —北京：
气象出版社，2014.12

ISBN 978-7-5029-5803-9

Ⅰ . ①青… Ⅱ . ①张… ②李… Ⅲ . ①农业气象 – 气象服务 –
青浦区 – 手册 Ⅳ . ① S16-62

中国版本图书馆 CIP 数据核字（2014）第 313082 号

Qingpu Qu Nongye Qixiang Fuwu Shouce
青浦区农业气象服务手册

张德林 李军 主编

出版发行：气象出版社

地　　址：北京市海淀区中关村南大街 46 号　　　邮政编码：100081

总 编 室：010-68407112　　　　　　　　　　发 行 部：010-68409198

网　　址：www.qxcbs.com　　　　　　　　　　E - m a i l：qxcbs@cma.gov.cn

策划编辑：邵　华　　　　　　　　　　　　　终　　审：黄润恒

责任编辑：侯娅南　　　　　　　　　　　　　责任技编：吴庭芳

封面设计：徐　娜

印　　刷：中国电影出版社印刷厂

开　　本：889mm × 1192mm　　1/32

字　　数：91 千字　　　　　　　　　　　　印　　张：3.75

版　　次：2014 年 12 月第 1 版　　　　　　　印　　次：2014 年 12 月第 1 次印刷

定　　价：20.00 元

前言

　　农业生产高度依赖于天气条件，天气一定程度上决定了农作物的生长、发育和产量形成及管理措施。2014年，中共中央、国务院印发的《关于全面深化农村改革加快推进农业现代化的若干意见》中提出："健全农业社会化服务体系，完善农村基层气象防灾减灾组织体系，开展面向新型农业经营主体的直通式气象服务。"中国气象局在关于贯彻落实2013年中央农村工作会议精神和《关于全面深化农村改革加快推进农业现代化的若干意见》文件精神的通知中提出："全面提升农业现代化气象服务能力和水平，健全农业气象服务体系，完善农村气象灾害防御体系，提升国家粮食安全保障能力，促进城乡公共气象服务均等化。"

　　青浦区地处太湖下游、黄浦江上游，台风、暴雨、高温、寒潮、低温、雨雪冰冻等气象灾害多发，对农业生产影响很大。青浦区的特种水产、草莓、食用菌、绿叶蔬菜等在上海市场占有重要地位，按照"高产、高效、安全、休闲"的都市现代农业的要求，迫切需要提升农业气候资源的利用率，提高应对农业气象灾害的防御能力，开展面向新型农业经营主体的直通式气象服务。

　　都市现代农业背景下的气象为农服务需要针对不同作物、不同养殖业提供专业性气象服务，使农业经营主体及时采取应对措施，趋利避害。为此，上海市青浦区气象局组织编写了《青浦区农业气象服务手册》，针对青浦区现代农业特点和农业气候资源特点，从农业气候资源与农业生产的关系出发，面向气象为农服务人员和农民群众，普及青浦区农业气象知识、农业气候资源变化特点和防御要点。它既是一本气象为农服务的业务手册，也是一本针对农民的科普手册，农民看得懂、用得上，通俗易懂。

面对都市现代农业发展的新形势和新要求，青浦区气象局将进一步发挥气象部门的职责和作用，不断增强郊区新型农业经营主体的气象防灾减灾、应对气候变化的科学意识和能力，为上海都市现代农业的发展做出更大的贡献。

在本书的编写过程中，得到了蒋耀培、钱益芳、蒋其根、怀向军、徐少山、张青等专家的鼎力帮助，在此表示衷心感谢。

受技术、水平和条件限制，加上时间仓促，本手册还有许多不完善的地方，敬请批评指正。我们将收集修改建议，进一步完善。

张德林 李军

2014 年 9 月 18 日

目录

I 农业气候背景

农业生产活动主要是在自然条件下进行的。作物的生长、发育和产量形成与气象条件关系密切，农作物光合作用的全部能量来自太阳辐射，农作物的生长发育需要一定的小气候环境。光、热、水、气的某种组合可能成为对农业生产有利的自然资源，而另一种组合则可能对农业生产不利，形成农业气象灾害。

一 农业气候概况

青浦区地处上海西部，位于 30°59′～31°16′N，120°53′～121°17′E，全区东西长 44.9 千米，南北宽 39.3 千米，总面积 668.54 千米²。青浦区冬季受西伯利亚冷高压控制，盛行西北风，寒冷干燥；夏季受西太平洋副热带高压控制，多东南风，炎热湿润；春秋是季风的转变期。青浦区气候温和湿润，春秋较短，冬夏较长，冬天约有 126 天，夏天约有 110 天，春秋两季相加约 130 天。年平均*气温 16.3 ℃，7、8 月气温最高，月平均气温分别为 28.2 ℃和 27.8 ℃，极端最高气温 39.3 ℃（2010 年 8 月 12 日），年日最高气温≥35 ℃的高温天数 10.3 天；进入 21 世纪，夏天越来越热，2001—2010 年大于等于 35 ℃的高温天数年平均为 18 天。1 月气温最低，月平均 4.0 ℃，冬季 1 月下旬—2 月初（大寒节气）最冷。日最低气温≤-5 ℃的低温严寒天数年平均为 1.4 天，极端最低气温 -10.0 ℃（1977 年 1 月 31 日）。无霜期年平均为 234 天，初霜平均为 11 月 17 日，终霜平均为 3 月 27 日。表 1-1 为青浦区历年各月主要气象要素值。

表 1-1 青浦区历年各月主要气象要素值 (1981—2010 年)

月份	3	4	5	6	7	8	9	10	11	12	1	2
平均气温/℃	9.4	14.8	20.2	24.1	28.2	27.8	23.7	18.5	12.6	6.4	4.0	5.7
平均最高气温/℃	13.7	19.6	25.1	28.1	32.2	31.6	27.7	23.0	17.1	10.9	8.0	9.8
平均最低气温/℃	5.9	11.0	16.4	21.0	25.1	24.9	20.7	15.0	9.0	3.0	1.0	2.5
降水量/毫米	101.9	83.7	104.1	174.6	155.4	140.3	97.0	58.7	54.4	37.0	61.4	62.7
降水日/天	13.6	12.9	11.3	13.9	12.2	11.8	10.3	8.4	8.2	7.2	10.2	10.8
日照时数/小时	122.9	145.6	166.6	130.3	198.5	196.7	154.0	148.6	127.0	128.8	110.3	107.3
季节	春			夏			秋			冬		

* 统计年限为 1981—2010 年，下同。

年降水量 1131 毫米，年降水日数 131 天。一年中 60% 的雨量集中在 5—9 月，雨季有春雨、梅雨、秋雨 3 个雨期，10 月—次年 4 月降水量较少，占 40%。

　　年日照时数 1737 小时。一年中 4—5 月和 7—10 月日照较多，这 6 个月日照时数占全年的 58%。

　　青浦区四季气候多变，年际变化较大，干旱、洪涝、低温、高温、台风、暴雨等灾害性天气或气象灾害频繁出现，对农业生产影响较大。

　　春季气候　进入春季后，影响青浦区的冷空气强度减弱，温度回升快。春季平均气温 14.8 ℃，与冬季平均气温 5.4 ℃相比上升了 9.4 ℃，尤其是清明以后气温回升更快，一般每 5 天平均气温上升 1.0 ℃。到了 5 月，平均气温为 20.2 ℃，最高气温可达 30 ℃，个别年份甚至高达 35 ℃，如 1991 年 5 月 25 日最高气温 35.6 ℃。该时段出现高温，会影响小麦灌浆，造成高温逼熟。早春受冷空气影响温度有时也会比较低，最低气温在 0 ℃以下，农谚有"二月七、二月八，冻死小狗小猫""二月二十，老和尚过江"之说。如 1986 年 3 月 1 日和 2 日最低气温分别为 −3.5 ℃和 −3.8 ℃，对蔬菜秧苗造成了严重的冻害。晚霜对蔬菜秧苗影响较大，青浦区终霜一般在 3 月底，但晚的年份 4 月中旬还有霜，故有"清明断雪，谷雨断霜"之说。

　　春季南方暖湿气流活跃，雨水明显增多，春季降水量为 289.7 毫米，比冬季多近一倍。春季降水量占全年的 25.6%，多于冬季和秋季，次于夏季。春季多阴雨天气，严重影响蔬菜、小麦、西甜瓜和草莓等生长，还有利于小麦赤霉病和油菜菌核病的发生发展。如 1992 年 3 月 12—28 日连续 17 天下雨，降水量 200 毫米，1996 年 3 月 14—30 日连续 17 天下雨，降水量 165 毫米，两次连阴雨都使蔬菜严重

图 1-1　单季晚稻长势良好

减产。4、5 月还会有暴雨、冰雹等强对流天气。因此，春季气象为农服务上要加强对晚霜、连阴雨、暴雨、冰雹、大风等灾害性天气的监测和预报。

夏季气候　夏季是一年中气温最高、降水最多、灾害性天气发生最频繁的季节。进入夏季后，气温上升快，平均气温由春季的 14.8 ℃快速上升到 26.7 ℃，升幅为 11.9 ℃。出梅后就会出现一段高温晴热天气，最高气温可达 35 ℃以上。

夏季降水量为 470.3 毫米，占全年降水量的 41.6%，是 4 个季节中雨水最多的一季。夏季降水主要为初夏的梅雨和出梅后的暴雨。6月中旬—7月上旬为梅雨季节,一般梅雨量可超过200毫米。7、8月是雷暴盛发季节,平均每4～5天出现一次,雷暴时常会伴有冰雹、龙卷风、大风、暴雨等灾害性天气。8月又是台风多发时段,而且这段时期出现的台风往往强度强,历史上出现的8114号台风、9711号台风和2005年"麦莎"台风都出现在8月。

秋季气候 进入秋季后,冷空气活动逐渐频繁,温度下降快。秋季平均气温18.3 ℃,与夏季平均26.7 ℃相比下降8.4 ℃。8月平均气温27.8 ℃,到11月平均气温12.6 ℃,下降了15.2 ℃,平均每个月下降5 ℃,所以有"一场秋雨一场寒,十场秋雨不穿单"的说法。但也有的年份进入秋季后气温还特别高,如1995年9月上旬还出现3天35 ℃以上的高温天,9月7日最高气温达38.1 ℃。

秋季平均降水量为210.1毫米,占全年降水量的18.6%,降水量比冬季多,但比春季、夏季少。秋季降水主要集中在两段:8月下旬—9月中旬的早秋雨和11月上中旬的晚秋雨。而9月下旬—10月这段时间一般以秋高气爽的天气为主,雨水少。秋季主要灾害有台风、暴雨、大雾等。

冬季气候 进入冬季后,冷空气影响频繁,气温下降快。冬季平均气温5.4 ℃,比秋季平均气温18.3 ℃低12.9 ℃。一般每7天左右有一次冷空气影响本地区,强冷空气影响时一天内平均气温可下降8~10 ℃,并出现严重冰冻。如1977年1月31日,受强冷空气影响,最低气温降至-10.0 ℃。

冬季降水量为161.1毫米,是四季中雨水最少的季节,平均每10年中有6～7年出现冬旱。少数年份会出现"湿冬",如1997年12月—1998年2月降水日46天,降水量342.5毫米。

图 1-2　蔬菜大棚

图 1-3　温室大棚内自动气象站

二 农业气候资源

光、温、水等气候因子，是农作物生长发育的基本条件。它们相互配合的关系在一定程度上对农作物的生长、发育和产量形成等起着重要作用，因此是农业生产的气候资源。从农作物生长对光、温、水等的需求分析，青浦区的光、温、水等农业气候资源基本能满足农作物生长、发育及产量形成等需要。

（一）光能资源

太阳辐射是大气热量的主要来源，也是农作物生长、发育和产量形成的主要能量来源，农作物的干物质（包括根、茎、叶和种子等）有 90% ~ 95% 是光合作用合成的，因此光能资源对作物产量起着重要作用。

光能资源通常用当地太阳辐射量和日照时数表示。

太阳辐射量 青浦区太阳总辐射量常年平均值为 102.4 千卡/厘米^2。太阳总辐射量的年际、月际差异较大。多的年份如 1967、1971 年达到 116.5 千卡/厘米^2，而最少年份如 2002 年仅为 93.8 千卡/厘米^2，相差 22.7 千卡/厘米^2，相差幅度大于 20%。年内以 7 月最多，为 12.4 千卡/厘米^2，1 月最少，为 5.3 千卡/厘米^2。四季中，以夏季为最多，该时段也是一年中最热的时段，是作物光合作用最强、生长最旺盛的时段；春季其次；秋季第三；冬季最少，该时段也是一年中最冷的时段，作物光合作用弱，作物生长缓慢。

日照时数 常年平均日照时数 1736.5 小时，多的年在 2100 小时以上，如 1967 年达 2186.0 小时，1971 年达 2177.9 小时，而少的年不足 1600 小时，如 2002 年仅为 1491.0 小时、1993 年 1561.3 小时。从年际变化分析，20 世纪 60、70 年代年平均日照时数 1980

小时，20 世纪 80 年代以来年平均日照时数明显减少，2001—2010年年平均日照时数为 1715 小时，是近 50 年来最少时段。从日照时数的季节变化看 (图 1-4)，夏季 7、8 月是日照最多的时段，分别为 198.5 小时和 196.7 小时，冬季 1、2 月是日照最少的时段，分别为 110.3 小时和 107.3 小时。

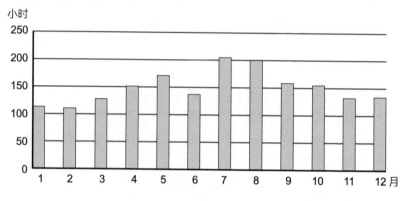

图 1-4　历年各月日照时数变化图 (1981-2010 年)

（二）热量资源

热量资源是作物生长不可缺少的生存条件，只有在热量得到满足的情况下，作物才能正常生长、发育。当温度上升或下降到一定限度时，作物的生长发育就会受到抑制甚至死亡。作物的种类分布、品种选择、播栽期、种植制度等在很大程度上取决于热量条件。

青浦区年平均气温 16.3 ℃，7、8 月是气温最高的 2 个月（图1-5），月平均气温分别为 28.2 ℃和 27.8 ℃；1 月最低，月平均气温为 4.0 ℃。全年大于等于 0 ℃的积温为 5976.9 ℃·天，多的年如2006 年为 6444 ℃·天，2007 年为 6499.4 ℃·天，而少的年如 1993

年为 5690.1 ℃·天。全年大于等于 10 ℃的积温为 5392.1 ℃·天，多的年如 2006 年为 5907.8 ℃·天，2007 年为 5930.5 ℃·天，而少的年如 1993 年为 5043.8 ℃·天。历年各月积温详见表 1-2。

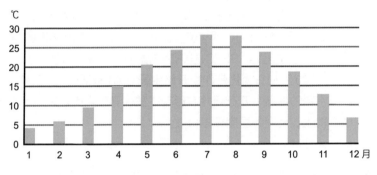

图 1-5　青浦区历年各月平均气温变化图（1981-2010 年）

表 1-2　青浦区历年各月大于等于 0 ℃积温、大于等于 10 ℃积温（1981-2010 年）

单位：℃·天

月份	1	2	3	4	5	6	7	8	9	10	11	12	全年
大于等于 0 ℃积温	129.2	161.2	290.4	445.7	627.1	723.6	874.7	860.9	712.6	573.3	378.3	200.0	5976.9
大于等于 10 ℃积温	12.5	35.6	159.9	426.5	627.1	723.6	874.7	860.9	712.6	572.0	325.9	60.7	5392.1

作物生长期间热量资源　用 0 ℃、5 ℃、10 ℃、15 ℃和 20 ℃等界限温度的日数表示作物生长发育期间所需的热量情况。0 ℃是土壤冻结和解冻的温度，越冬作物秋季停止生长或春季开始生长。春季 0 ℃至秋季 0 ℃之间的时段为农耕期。低于 0 ℃的时段为休

闲期或死冬。5 ℃是冬作物和春作物生长所要求的温度,种植早春作物要在此时播种,喜凉作物此时开始生长。10 ℃是喜温作物生长所需要的温度,春季喜温作物开始生长,喜凉作物迅速生长,秋季水稻停止灌浆,棉花品质与产量开始受到影响。15 ℃是喜温作物迅速生长所需要的温度,15 ℃初日为水稻适宜移栽期,棉苗此时开始生长,终日为冬小麦适宜播种日期,水稻内含物的制造和转化受到一定阻碍。20 ℃是热带作物的生长期,也是双季稻的生长季节,20 ℃初日为热带作物开始生长时期,水稻分蘖迅速增长,终日对水稻的抽穗、开花开始有影响,往往导致空壳。表1-3是青浦区作物生长期间各温度界限日数。

表1-3 青浦区作物生长期间各界限温度(日平均气温)日数(1981-2010 年)

单位:天

生长期界限	≥ 0 ℃	≥ 5 ℃	≥ 10 ℃	≥ 15 ℃	≥ 20 ℃
常年平均日数	363	319	257	205	148
最多年日数	366	344	278	226	167
最少年日数	357	295	238	187	123
保证率80% 日数	361	309	245	195	136

（三）水分资源

水分也是作物生长所需的基本因子。降水量虽然不是农业生产所需水分的唯一来源，却是主要来源。降水量多少对作物生长发育和产量形成有着重要影响。

青浦区为季风盛行地区，雨量充沛。年降水量1131毫米，年平均降水日131天。如图1-6，青浦区降水季节变化明显，雨量分配不均，夏半年多雨，冬半年少雨。3—9月的7个月合计降水量为857毫米，占全年降水量的75.8%。全年3个明显的雨季（春雨、梅雨、秋雨）都出现在这个时段。这一时段也是一年中温度较高的时段，光照也比较充足，光、温、水资源配置较好，是作物光合作用较强、生长较旺盛的时段。

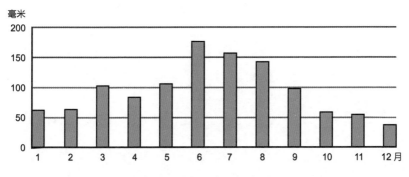

图1-6 青浦区历年各月降水量变化图（1981-2010年）

然而，雨水过多也会影响作物生长。春季3—5月雨水多，或出现连阴雨天气，这对小麦、蔬菜、西甜瓜和草莓等生长影响很大。出现春季连阴雨天气时，往往伴随低温和日照严重不足，严重影响作物生长。春末夏初梅雨多，一般出现在6月中旬—7月上旬。梅雨期间降水集中、气温偏低、湿度偏高、光照较少。秋季多秋雨，一般早秋雨出现在 8 月下旬—9 月中旬，晚秋雨出现在 11 月上、中旬，早秋易出现台风、暴雨或连续暴雨，降水量大，往往造成渍涝灾害。

II 农业气象灾害

　　作物生长发育要求一定的气象条件，当其生长发育所要求的气象条件不能满足时，就会受到影响。由不利的气象条件造成影响作物生长、减产歉收，称之为农业气象灾害。青浦区主要农业气象灾害有低温、高温、涝害、台风、暴雨、大风、连阴雨等。

一 低温

根据低温发生的时间及其对农业生产的影响，青浦区低温分春季低温和冬季严寒两种。

图 2-1 大棚内蔬菜冻害

（一）春季低温

春季低温也叫春寒。春季升温慢，特别是春季冷空气活动频繁的年份，3 月下旬—5 月上旬常有晚霜和温度持续偏低的春寒天气。这时正值茄瓜类蔬菜定植的关键时期，遇春寒天气，不仅春播作物易遭受冻害和病害，同时还影响夏熟作物的生育进程。对农业生产影响较大的春寒天气有两种：

一是温度持续偏低的倒春寒天气。据分析，3 月下旬—5 月上旬的 10 个候（5 天为一候）中，只要连续 5 个候内有 3 个候的候平均气温偏低常年 1 ℃以上，一般是倒春寒较明显的年份。这种倒春寒天气 3 年一遇。

二是晚霜。春季，最低气温降到 5 ℃以下时，常有晚霜或霜冻出现，茄瓜类蔬菜秧苗和西甜瓜易遭受冻害。

（二）冬季严寒

当北方强冷空气影响青浦区时，会引起本地强烈降温，出现严寒天气。冬季 12 月下旬—次年 2 月中旬逐日最低气温降至 -5 ℃以下时，越冬作物、草莓、蔬菜等易遭受冻害，当 -5 ℃以下的最低气温持续 3 天以上时，会出现严重冻害。据统计，最低气温 ≤ -5 ℃的严寒天气平均每年 1.4 天，多的年份可达 6 天，有 10% 的年份冬季最低气温 ≤ -5 ℃的严寒天气达到 4 天或以上，而有的年份冬季无最低气温 ≤ -5 ℃的严寒天气，这种年份占 40%。

低温的防御措施：

· 政府及农业主管部门按照职责做好倒春寒、晚霜、冬季严寒的防冻物资准备工作。

· 农村基层组织和农户要关注倒春寒、晚霜、冬季严寒的预报预警信息，及时采取措施加强防护。

· 春季出现倒春寒和晚霜时，对蔬菜、瓜果等秧苗要采取防护保温措施。

· 冬季出现严寒，对大棚蔬菜、大棚草莓、大棚水产等要采取保温措施。有条件的要采取加温措施。

■ 高温

高温对作物伤害的临界指标因作物品种和生育期的不同而有所差异。冬小麦喜凉，5 月灌浆成熟期间怕最高气温 ≥ 28 ℃出现 2 天或以上；而水稻虽然喜温，扬花授粉期怕最高气温 ≥ 35 ℃的高温天气。

(一)五月高温

5月中下旬正值冬小麦灌浆成熟期，这时如出现2天或以上最高气温≥28℃的高温天气，就会缩短冬小麦灌浆时间，降低粒重，降低产量。5月日最高气温≥28℃的天数平均每年7.7天，多的年份达16天以上。

(二)夏秋高温

高温主要是由于副热带高压较强，青浦区受副热带高压边缘影响，吹西南风，使气温急剧上升而致。夏秋出现≥35℃的高温天气，会影响水稻扬花授粉，增加空壳和秕粒；容易引起蔬菜叶片卷曲、失水，整片叶萎蔫等不良现象，甚至导致植株死亡，单位面积产量下降；影响花粉活力，导致茄果类、豆类蔬菜落花，降低坐果率，并导致畸形果增多；易使番茄、西瓜、辣椒等果实灼烧；引起作物光合作用减弱，呼吸作用增强，造成内部养分亏缺，生长不良；还会给蔬菜生长带来生理性病害。夏季高温高湿还容易引起鱼塘泛塘。

图 2-2 青菜高温危害

青浦区平均每年出现 10.3 天高温。高温天多的年份多达 20 多天，如 2003、2007 年高温天为 25 天，而高温天少的年份不到 3 天，如 1999 年夏季无最高温度 ≥ 35 ℃的高温日，而 1996 年仅 1 天。2003 年以来夏季高温天均在 17 天以上，较之前明显增多，平均达 20 天。

高温的防御措施：

· 政府及农业主管部门按照职责做好高温的防御准备工作。

· 农村基层组织和农户要关注高温的预报预警信息，及时采取防御措施。

· 5 月出现高温，适当增加土壤含水量，提高相对湿度，减少地面水分蒸发，减轻高温逼熟的危害；改良和培肥土壤，提高麦田保水供水能力。

· 夏秋出现高温，对水稻要采取灌水方式调节稻田温度，加强病虫害防治；对蔬菜和瓜果要采取遮荫和夜间或早晨浇水的降温措施，增加土壤水分。

三 涝害

青浦区地势低洼，遇强降水或连续降水时，常出现渍涝灾害。主要有春涝、夏涝和秋涝。

（一）春涝

主要发生在 4—5 月，由于春雨过多，尤其是连续阴雨天气，易出现渍涝灾害，导致夏熟作物根系早衰，病害流行，是影响夏熟作物高产稳产的主要不利气候因素。据统计，4—5 月总降水量≥250毫米的春涝年近52年（1959—2010年）中出现12年，占23%。近20年来出现春涝较少，仅1995年和2002年出现2次，平均为10年一次。1995年5月降水量212.6毫米，2002年4—5月降水量383.2毫米，出现明显春季涝害。出现春季连阴雨天气时，往往伴随低温和日照不足，病害流行，严重影响作物生长。

（二）夏涝

主要发生在6—7月的梅雨期间，因梅雨期降水过多造成。梅雨期长，大雨、暴雨次数多，夏涝就比较明显，对水稻、蔬菜、西瓜等作物影响大。据统计，6—7月降水量≥300毫米的夏涝年近52年（1959—2010年）中出现23年，占44%。近20年来夏涝趋多，平均为2年一次。其中1996年和1999年降水量多达561毫米和783毫米，出现严重涝灾。

（三）秋涝

主要发生在8—9月，由台风暴雨和连绵秋雨造成，对水稻、蔬菜等作物影响大。从形成秋涝的气象条件看，有3种情况：一是受冷空气影响形成连续秋雨，因雨期长、降水集中引起涝灾；二是因台风暴雨引起涝灾；三是强对流天气引起暴雨或大暴雨，造成农田受淹。据统计，8—9月降水量≥250毫米的秋涝年52年（1959—2010年）中出现22年，占42%；降水量≥350毫米的严重秋涝年出现7年，占13%，如1980年和1990年8—9月降水量多达549毫米和512毫米。

图 2-3 蔬菜涝灾

涝害的防御措施：

· 政府及农业主管部门按照职责做好涝害的防御准备工作。

· 农村基层组织和农户要关注大雨、暴雨的预报预警信息，及时采取防御措施。

· 开沟、理沟，保持沟系畅通，确保雨停沟干。

· 对于降水强、雨量大的涝灾和易受涝害的地段，要加固堤岸田埂，提高防御涝害标准，还要及时进行人工排水，尽可能缩短受涝时间。

· 加强田间管理。适当剪除枝叶，减少蒸腾；及时中耕松土、施肥和防病虫，改善土壤通透性，提高土壤肥力，做好病虫害防治。

四 台风

　　夏秋季节，青浦区常会受到台风影响，平均每年受到1.7次台风影响。影响本地区的台风最早出现在5月下旬，最迟出现在10月中旬，大多数年份出现在7月下旬—9月上旬。台风来袭常伴随大风、暴雨，而且大风、暴雨的持续时间长、强度强，对水稻、蔬菜和瓜果类作物影响较大。

图2-4　台风吹倒水稻

图 2-5 台风吹倒大棚

近 30 多年中影响较大的台风有：

8114 号台风 1981 年 8 月 31 日—9 月 3 日，最大风力 10 级（最大风速 25 米/秒），过程降水量 30.3 毫米，台风路径：沿海岸线自南向北移动，于 9 月 1 日凌晨在上海以东约 150 千米的海面上经过北上。

9711 号台风 1997 年 8 月 18—20 日，最大风力 9 级（最大风速 24 米/秒），过程降水量 64.4 毫米。台风路径：8 月 17 日夜进入东海海域后，朝西北方向移动，18 日 21 时 30 分在浙江省温岭登陆，登陆后强度逐渐减弱，朝西北方向穿过浙江中部、浙江西部，于 19 日上午进入安徽南部，以后在安徽境内北上，经过江苏徐州，

20 日上午进入山东境内，又于 20 日穿过渤海湾进入辽宁省境内。

0509 号"麦莎"台风 2005 年 8 月 5—7 日，最大风力 10 级（最大风速 28 米 / 秒），8 级大风持续 20 多个小时，过程降水量 152.5 毫米。台风路径：在浙江玉环登陆，登陆后进入浙江省境内，继续向西北偏北方向移动，然后进入安徽境内。这个台风的特点是强度强、大风范围广、降水强度大、影响时间长。

0515 号"卡努"台风 2005 年 9 月 11—12 日，最大风力 10 级（风速 25 米 / 秒），过程降水量 129.7 毫米。

台风的防御措施：

· 政府及农业主管部门按照职责做好防台风抢险应急工作。

· 农村基层组织和农户要关注台风的预报预警信息，及时采取防御措施。

· 检查农田、鱼塘排水系统，做好排涝准备。加固易被风吹动的蔬菜大棚和食用菌生产棚舍，台风过后及时检修。

· 对已成熟的水稻、玉米、瓜菜等及时组织抢收。对被台风吹倒的作物、果树等灾后尽快扶正，或用支架支撑固定。

· 开沟、理沟，保持沟系畅通，确保台风暴雨后能够排掉积水。对于降水强、雨量大或易受涝害的地段，要及时进行人工排水。

· 台风过后加强田间管理。适当剪除枝叶，减少蒸腾。及时中耕松土、施肥和防病虫害，改善土壤通透性，提高土壤肥力。

五 暴雨

当 24 小时降水量达到 50.0~99.9 毫米时为暴雨，100.0~249.9 毫米时为大暴雨，250.0 毫米以上时为特大暴雨。短时强降水（20 毫米/时）也是暴雨。青浦区平均每年暴雨日数 2.7 天，有的年份没有出现暴雨，如 1998 年，而暴雨多的年份可达 10 次，如 1999 年。暴雨最早出现在 3 月中旬，最迟出现在 11 月上旬，6—9 月暴雨比较集中，85% 的暴雨出现在这一时段，7—8 月出现暴雨频率最高，占37.7%，9 月其次，占 20%。降水量达到 100 毫米的大暴雨占总暴雨的 28%，从出现的时间看，大暴雨基本上出现在 7—9 月。

造成暴雨的天气系统主要有台风、东风波、低压东移入海、低压倒槽、切变线、高空槽、冷锋、静止锋、强雷暴云团等。因此，初夏要注意低压东移入海、低压倒槽、切变线、静止锋上发生的暴雨，夏季要注意强雷暴云团、东风波引起的暴雨，秋季要注意高空槽、冷空气引起的暴雨。

图 2-6　暴雨后菜田积水

图 2-7 受暴雨灾害影响的蔬菜

暴雨的防御措施：

· 政府及农业主管部门按照职责做好防暴雨准备工作。

· 农村基层组织和农户要关注暴雨的预报预警信息，及时采取防御措施。

· 检查农田、鱼塘排水系统，做好排涝准备。

· 开沟、理沟，保持沟系畅通，确保暴雨后能够排掉积水。对于降水强、雨量大或易受涝害的地段，要及时进行人工排水。

· 加强田间管理。适当剪除枝叶，减少蒸腾。及时中耕松土、施肥和防病虫害，改善土壤通透性，提高土壤肥力。

六 大风

瞬时风速达到或超过17米/秒的风。青浦区大风日平均每年6.1天。极少数年份没有出现大风，而多的年份在16天以上，如1982年，大风日数多达25天，1981、1987年多达16天。一年四季中大风都能出现，但7—8月偏多，1—2月偏少。

造成大风的天气系统主要有台风、雷暴、龙卷风、温带气旋、冷空气等，以台风、雷暴等天气系统造成的大风为多。10级以上的大风都是由台风、雷暴和龙卷风影响所致。

图 2-8　大风吹塌蔬菜大棚

大风的防御措施：

· 政府及农业主管部门按照职责做好防大风准备工作。

· 农村基层组织和农户要关注大风的预报预警信息，及时采取防御措施。

· 加固易被风吹动的蔬菜大棚、草莓大棚和食用菌生产棚舍，大风过后及时检修。

· 对已成熟的水稻、玉米、瓜果、蔬菜等及时组织抢收。对被大风吹倒的作物、果树等灾后尽快扶正，或用支架支撑固定。

III 主要种植、养殖与气象条件

　　青浦区水系丰富，种植历史悠久，农业较发达。按照发展高产、高效、安全、休闲的都市现代农业的目标，形成现代农业先行区、农业旅游示范区、农产品加工物流区和特色水产优势产业带的"三区一带"布局，青浦区发展了赵屯草莓、练塘茭白、南美白对虾、青虾、生态鳖、白丝鱼、绿叶菜等特色农业。

　　青浦区农业生产不仅为上海市粮食安全提供保障，更为稳定市民菜篮子发挥了不可替代的作用。青浦区作为上海市绿叶蔬菜主要生产基地，食用菌、特种水产、草莓等在上海市占有重要地位。

一 冬小麦与气象

（一）冬小麦生长期的气候特点

　　冬小麦单位面积产量受多方面因素影响，气象条件是重要的因素，生长期间雨水过多会严重影响产量。冬小麦从晚秋播种，到次年初夏成熟，全生长期长达近 7 个月，跨冬春两季。青浦地区受季风影响，冬季寒冷干燥，春季暖湿多雨，季节变化明显。11 月中旬—次年 6 月上旬的全生长期大于等于 3 ℃有效积温历年平均值为 1700 ℃·天，全生长期总降水量 525 毫米，总降水日 75 天，日照时数 913 小时。

图 3-1　成熟的冬小麦

（二）冬小麦生长发育的气象指标

冬小麦是喜光作物和长日照作物，日平均气温低于 3 ℃则缓慢生长或停止生长，进入越冬期。

1. 播种出苗期

适宜温度 15 ～ 18℃，降水适中，土壤相对湿度 60% ～ 80%，适宜播种。

2. 分蘖期

平均气温 3 ℃发生分蘖，3 ～ 6 ℃缓慢分蘖，6 ～ 13 ℃平衡分蘖，13 ～ 16 ℃迅速分蘖，高于 18 ℃分蘖受抑制，6 ℃以下分蘖大多不能成穗。适宜土壤相对湿度为 60% ～ 80%。

3. 幼穗分化期

日平均气温在 10℃以下不利于形成大穗。适宜土壤相对湿度为 60% ～ 80%。

4. 开花期

适宜温度 18 ～ 20 ℃，低于 10 ℃结实率低。开花后 10 天，日照条件对结实率的影响最大。土壤相对湿度 <70% 将降低结实率。

5. 灌浆结实期

适宜气温 18 ～ 22 ℃，上限 26 ～ 28 ℃，下限 12 ～ 14 ℃。乳熟前期 18 ～ 20 ℃，乳熟后期 22 ～ 23 ℃适宜。灌浆期日照，每天低于 1.6 小时，籽粒不增重，日照增加 1 小时，籽粒增加 0.2 克。适宜土壤相对湿度为 60% ～ 80%。

6. 成熟、收获期

成熟后期需 7 ～ 10 个晴好天气。

（三）影响冬小麦产量的 4 个关键生长期

青浦区冬小麦生长期天气多变，除多雨外，晚秋和早春低温、冬季严寒冰冻、春季连阴雨光照不足、高温燥风以及初夏的早梅雨等都会给小麦生长和收获带来不利影响。下面例举 4 个关键生长期的不利农业气候条件。

1. 播种出苗期干旱低温

一是播种期干旱，11 月上中旬持续干旱少雨，土壤干、湿度小，影响冬小麦出苗和根系生长。二是秋播时低温来得早，温度持续偏低，冬小麦播种后的积温若不能满足冬前齐苗、壮苗和早发的要求，就会影响到有效穗数。如 1976 年 11 月 11 日—12 月 20 日 3 ℃以上有效积温只有 142 ℃·天，到 12 月 31 日 3 ℃以上有效积温也只有 178 ℃·天，比常年同期少 100 ℃·天。该年由于低温早，入冬后温度低，晚播麦普遍出苗迟、出苗率低，基本苗少，有效穗明显减少。

少数年份冬小麦播种出苗期遇多雨天气，11 月上、中旬连续多雨，2 个旬的总雨量超过 60 毫米，就会造成烂根烂种，影响麦子的播种季节和质量。青浦区近 30 年中秋播期多雨、造成烂根烂种的共有 6 年。

2. 拔节孕穗期低温多雨

冬小麦拔节孕穗期是穗粒形成的关键生育期，此时温度逐步回升，春雨逐渐增多，2 月下旬—4 月上旬，平均总降水量为 155 毫米，多雨的年份在 200 毫米以上。"尺麦怕寸水"，这时春雨过多，麦田渍害较重，土壤通气性差，冬小麦在缺氧情况下，根系活力衰退，吸肥能力减弱，影响穗分化的正常进行。拔节孕穗期还会遇到春寒天气，平均气温偏低常年 1 ℃左右，便影响冬小麦穗分化进程，造成穗小。

3. 开花灌浆期主要怕连续多雨和光照不足

冬小麦开花灌浆期，正值春季回暖、春雨最多的季节。4 月中旬—5 月中旬的总降水量平均有 124 毫米，雨日有 16 天，有 1/4 的年份降水量超过 180 毫米。春雨最多的 1977 年，4 月中旬—5 月中旬的 40 天中，雨日 30 天，总降水量多达 333 毫米。此时春雨多，地下水位高，不仅田间渍害重，造成烂根早衰，而且这时温度回升快，一般到 4 月下旬，日平均气温开始回升到 15 ℃以上，遇阴雨天气，气候暖湿，在高温高湿天气影响下，常引起冬小麦赤霉病流行，对产量和品质影响较大，严重时造成大幅度减产。

分析发现，冬小麦开花灌浆期的气候条件与小麦产量关系密切。冬小麦产量高低，主要与 4 月中旬—5 月中旬这段时间光照的多少有关。该时段光照不足，将直接影响光合作用的正常进行和有机物质的积累，不利于开花授粉和充实籽粒。4 月中旬—5 月中旬这段时期的总日照少于 200 小时的年份，冬小麦亩产量较低；反之，亩产量较高。

4. 灌浆期遇干热风

5 月上、中旬为冬小麦灌浆盛期，如遇到最高气温超过 28 ℃，有 3 ~ 4 级以上的偏南风或西南风，高温时的相对湿度在 40% 以下，这种干热天气连续出现 2 天或 2 天以上，使正处在灌浆盛期的冬小麦出现高温逼熟现象，灌浆充实受阻，秕粒增加，千粒重下降。

（四）防御措施

（1）选用抗逆性强的冬小麦品种。

（2）在 11 月中旬适宜播种期内播种有利于冬小麦形成壮苗，增强抗逆能力，增加有效穗。

（3）做好麦田沟系配套，并保持通畅，做到灌水灌得进去，排水排得出去，降低湿害的危害，另使麦田土壤保持适宜湿度。

（4）干热风防御：通过增施磷肥、有机肥和苗期控水，促进根下扎，提高后期对干旱的抵抗力；控制密度和拔节后氮肥用量，防止后期贪青；灌浆中后期浇水，出现高温时适量喷灌效果更好；营造防护林改善田间小气候。

二 油菜与气象

（一）油菜生长期的农业气候条件

油菜从秋季(9 月 20 日左右) 播种育苗，到次年初夏(6 月上旬)收获，全生育期有 260 天左右，跨秋、冬、春 3 个季节。青浦区秋季先湿后干，光照充足，冬季寒冷干燥，严寒期不长，春季气候多变，雨水较多。常年全生育期大于 3 ℃有效积温为 2495 ℃·天，降水量 617 毫米，日照时数 1160 小时，总的农业气候条件对油菜生长较为有利。但上海地区农业气候年际变化大，秋季旱涝、冬季严寒冰冻、春季雨水过多，是油菜全生育期中经常遇到的不利农业气候条件。

（二）油菜生长发育的气象指标

油菜是长日照作物，喜冷凉气候，要求土壤透气性好。油菜从播种到收获，耗水量一般为 300 ~ 500 毫米，需水临界期是薹花期。油菜光饱和点 9000 勒克斯，光补偿点 7000 勒克斯。

1. 苗期

适宜温度 10 ~ 20 ℃，最低温度 5 ℃。适宜土壤湿度 60% ~ 80%。

2. 蕾薹期

适宜温度 >10 ℃，下限 10 ℃，上限 30 ℃。适宜土壤湿度 80% ~ 85%，下限 60%。

3. 开花期

适宜温度 14 ~ 18℃，适宜土壤湿度 80% ~ 85%，下限 60%。

4. 角果期

适宜温度 15 ~ 20℃。适宜土壤湿度 60% ~ 80%。

（三）影响油菜高产的不利农业气候条件

油菜高产的生长特点是冬壮、春发、稳长，从油菜的生长对农业气候条件的要求来看，以下 3 个时期受农业气候条件影响较大：

1. 播种至移栽期降水分配不均，常有旱涝发生

播种时怕早秋多雨，出苗时怕持续秋旱，移栽时怕连续秋雨。据统计 1981—2010 年，平均 10 年中有 3 年播种或移栽时连续多雨，影响播种质量，耽误移栽季节。但平均 10 年中也有 3 年苗期秋旱，影响出苗、齐苗。如 1988 年 9 月下旬—12 月底连续 3 个多月干旱少雨，影响出苗、壮苗。

2. 冬前温度低影响一次分枝数

冬前低温早、温度低，会影响一次分枝数。油菜在越冬前，能有 45 天以上的日平均气温大于 3 ℃的有效生长天数，是增加一次分枝数的有利条件。从青浦区常年温度变化来看，11 月 21 日—次年 1 月 10 日大于 3 ℃的平均日数为 40 天，影响一次分枝数。因此，安排早茬口，适时移栽，充分利用 11 月和 12 月的有利气候资源，促使油麦生根长叶，是增加一次分枝数的关键措施。

3. 开花结角期连续多雨、光照不足

若该时期连续阴雨，由于地湿造成渍害，不仅影响油菜稳定生长，有利菌核病蔓延，而且常常导致根系早衰，影响形成高光效的绿色群体和高产架子，影响籽粒的形成和充实。开花结角期 (3 月下旬—5 月中旬)光照足，总日照时数超过 300 小时，一般产量较高；相反，总日照时数不足 300 小时的年份，产量较低。青浦区常年 3 月下旬—5 月中旬平均总日照时数为 298 小时，1981 ~ 2010 年的 30 年中有 15 年多阴雨，日照时数不足 300 小时，说明开花结角期平均一半年份光照不足，气候条件不利于开花结荚和籽粒充实。

（四）防御措施

（1）选用抗逆性强的品种。

（2）根据品种特性适期播种、移栽，培育壮苗，增施有机肥和磷钾肥，增强油菜的抗逆能力。

（3）做好油菜田沟系配套，并保持通畅，做到灌水灌得进去，排水排得出来，使土壤保持适宜湿度。

（4）花期喷硼肥、钾肥防止开花而不结实，提高结实率。硼肥主要选择速效硼肥，钾肥主要选用磷酸二氢钾。

三 水稻与气象

（一）水稻生长期的农业气候条件

水稻（主要是单季晚稻）的生长期为 5 月下旬—10 月下旬，大于等于 10 ℃的有效积温常年平均值为 2339 ℃·天，总降水量659 毫米，总降水日 61 天，总日照时数 885 小时。

农业气象灾害对水稻生育及产量的影响较大。水稻生长期间高温、6—7 月分蘖期低温、8—9 月孕穗至抽穗期低温阴雨以及籽粒灌浆和成熟收割期遭遇连阴雨、暴雨、大风、台风是单季晚稻生产中主要的农业气候灾害。

图 3-2 水稻孕穗期

图 3-3　水稻成熟期

（二）水稻生长发育的气象指标

水稻原产热带和亚热带沼泽地区，具有喜温和适应短日照的特性，但品种间有所差别。

1. 分蘖期

日平均气温 <17 ℃分蘖停止，20 ℃是正常分蘖的下限，日平均气温 >37 ℃对分蘖有抑制作用，粳稻最适气温为 28 ℃。

2. 幼穗分化至孕穗期

粳稻下限温度为日平均气温 21 ～ 22 ℃，日平均气温 24 ～ 25 ℃为适宜温度。

3. 开花期

粳稻下限温度为 20 ℃，上限温度为 35 ℃，适宜温度在 24 ℃左右。开花期高温热害临界温度是日平均气温 30 ℃，短期高温热害的临界温度是 35 ℃，始穗前 4 天高温天气与空瘪率密切相关。粳稻开花期冷害指标：晴冷型天气下为日平均气温 ≤ 18 ℃，持续 3 天以上；湿冷型天气下为日平均气温 ≤ 20 ℃，持续 3 天以上；杂交稻开花期冷害指标为日平均气温 ≤ 23 ℃，持续 3 天以上。

4. 灌浆期

适宜温度为 22 ~ 28 ℃，高于 30 ℃也不利于灌浆，低于 20 ℃灌浆缓慢，灌浆上限温度为 35 ℃，15 ℃以下基本停止灌浆。

5. 花粉母细胞减数分裂期到花粉粒形成期

这一阶段对水分需求最敏感，其次是开花灌浆期。

（三）影响单季晚稻产量的不利农业气候条件

1. 低温冷害

（1）分蘖期低温　分蘖发棵是水稻营养生长的主要特征，也是决定单位面积穗数的关键时期，此时期主要是长叶、长蘖、长根的时期，与温度和辐射的关系最为密切。低温阴雨少日照将延迟、减少分蘖，茎秆细弱易得稻瘟病。从 1981—2010 年的资料分析可以看出，单季晚稻分蘖期（6 月中旬—7 月上旬）正处于梅雨季节，雨水多，光照少，气温有时偏低，最低气温可达 18 ℃以下，这种情况 10 年中出现 4 年。

（2）抽穗开花期低温　晴暖微风的天气最有利于水稻开花授粉，低温条件下开花延迟或不开花，易形成空壳和瘪谷，连阴雨或强降水对开花授粉不利，造成颖花不育，空粒增加。青浦区水稻抽穗开花期出现低温一般 10 年中有 1 ~ 2 年。

（3）灌浆期低温　灌浆适宜温度为 20 ~ 28 ℃，温度 15 ℃以下灌浆相当缓慢，受低温影响出现青枯卷叶及枯白穗的情况。如 2004 年 10 月 1—3 日连续 3 天最低气温 15 ℃以下，日平均气温 16 ~ 17 ℃，影响了灌浆。

2. 抽穗灌浆期高温

抽穗扬花期是对高温最敏感的时期，此时遇 35 ℃以上晴热高温天气将对水稻授粉、结实产生不利影响，造成花粉发育不良，活力下降，结实率降低。灌浆期若受 35 ℃以上高温危害，单季晚稻的灌浆速度会明显加快，谷粒充实受影响，千粒重下降，稻米品质变劣，产量降低，这就是通常所说的高温逼熟。35 ℃高温持续 2 天，不实率显著增加，35 ℃是造成水稻空壳和秕谷的温度。青浦区 9 月上中旬 35 ℃高温天气 10 年出现 1 ~ 2 年。

3. 连续阴雨、少日照天气

晴暖微风天气最有利于水稻开花授粉、灌浆；昼夜温差大有利于水稻灌浆结实，积累的干物质多，千粒重高。抽穗扬花期、乳熟成熟期遇连续阴雨、日照少天气，将影响扬花受粉过程，使小花不孕，造成空粒多、结实率低，降低光合作用效率低，导致灌浆不足，使千粒重下降。9 月中旬—10 月下旬历年平均日照时数为 247 小时，10 年中有 3 年日照时数不足 230 小时，其中时数不足 200 小时时，影响灌浆、结实和粒重。

另外，在水稻灌浆、成熟期遇大风、台风可造成水稻倒伏，影响灌浆，导致千粒重下降。孕穗到灌浆前期遇低温冷害，会引发穗颈瘟流行；抽穗开花期遇低温阴雨，可能引起穗颈瘟暴发；开花到灌浆前期遇高温多雨天气，则影响千粒重。

（四）防御措施

（1）选用抗逆性强的品种。

（2）做好稻田沟系配套，并保持通畅，做到灌水灌得进去，排水排得出来。

（3）水稻开花期遇到高温要做好水分管理，开花时要浅水勤灌、日灌夜排、适时落干，防止断水过早。遇到低温时，夜间灌河水能提高稻田气温，对防御冷害有一定效果。

（4）高温期间喷施 3% 的过磷酸钙可减轻高温伤害。喷施叶面抑制蒸发剂可在 1 ~ 2 天内提高水稻叶温 1 ~ 3 ℃。

（5）营造农田防护林是基本的防御措施，适当增施磷钾肥和有机肥可提高水稻抗倒伏能力。

四　蔬菜与气象

（一）茄果类

茄果类蔬菜包括番茄、茄子和辣椒等，均属夏秋主要蔬菜，在蔬菜生产中占有重要的地位。茄果类蔬菜原产热带，性喜温暖，怕寒冷。在高温下可通过春化阶段，对光照时数要求不严格，日照长短均能开花结果，因此，在栽培的季节和地区分布上不受日照长短的限制。

1. 番茄生长发育对气候条件的要求

（1）温度

番茄喜温暖，不耐热，20～25℃生长最为适宜，温度低于15℃不能开花，低于10℃时停止生长，低于–1℃时植株受冻而死，长期处于35℃以上的高温，生长停止并易衰亡。种子萌发温度为28～30℃，14～18℃发芽缓慢，低于12℃不发芽。育苗期间，白天适宜温度为20～25℃，夜间为10～15℃。番茄开花结果适宜温度，白天为20～30℃，夜间为15～20℃，但后期对温度要求不高，所以当秋季夜间温度降至8℃时仍能开花结果。

（2）日照

番茄为中性植物，要求有充足的光照，并且有较高的光照强度，如果光照强度低，植株生长差，果实则发育缓慢。

（3）水分

番茄枝叶茂盛，蒸腾作用强，且果实和茎叶都含有大量的水分，所以番茄需要较多的水分，特别是盛果期，若水分不足，影响果实膨大，造成减产。

（4）三种不利气候条件

随着保护地设施的发展，上海地区番茄生产上有春番茄和秋番茄，现仅分析春番茄生产期的不利气候条件。春番茄自4月移入大田时，真叶有7片左右，开始着生第一花序。以后每隔2片左右真叶生长一簇花序。这期间营养生长与生殖生长都较旺盛，持续时间长达4个月左右。在此期间对春番茄的生长、开花和结实不利的气候条件有：

①梅雨量大于300毫米，不利于春番茄高产。春番茄进入开花、结果期，随着群体的叶面积增大，果实本身含水量高，故需水量较多。此时正值梅雨时期，一般能够充分满足春番茄的水分要求，但梅雨量过多的年份，土壤通透性变差，就会影响根系的吸收能力，导致叶色发黄，容易落花，也会因日照少而光合产物不足，田间湿度大又易引起多种病害，导致减产。当梅雨量大于300毫米时，春番茄一般要减产，小于200毫米时，有利于增产。

②6—7月连续无雨高温的天数大于8天，易引起早衰。梅雨量在200～300毫米，虽不致引起严重渍害，但暴湿，暴热，对春番茄生长是不利的。暴湿使根系活力受阻，继而扩热，使蒸腾量加大，植株水分循环失调，很易引起早衰。据分析，梅雨量在200～300毫米的年份，6～7月间如遇连续无雨高温（日最高气温大于30℃）天数在8天以上，不利影响较明显。

③5月中旬—6月中旬高温干旱天气易导致病毒病大发生。春番茄病毒病的发生、发展规律较复杂，但实践表明，5月中旬—6月中旬高温干旱是一种有利病毒病发生、发展的气候条件。这个时期是春番茄生长的旺盛时期，也是病毒病传播媒介（有翅蚜虫）的活动盛期。

分析表明，5月中旬—6月中旬的总降水量小于134毫米，连续5天以上无雨时段的总天数在20天以上，且这些无雨日数的逐日最高气温减去常年逐日平均最高气温的距平值（最高气温正距平）之和大于40℃，反映高温干旱天气较长，有利于病毒病的大发生，造成减产严重。

2. 茄子生长发育对气象条件的要求

（1）温度

茄子属喜温蔬菜，对温度要求高，种子发芽最适温度为 30 ℃，育苗时，以日温 25 ℃左右、夜温 15 ~ 20 ℃的小温差育苗最好。结果期适温为 20 ~ 30 ℃，低于 15 ℃容易落花，低于 13 ℃停止生长，低于 10 ℃易引起新陈代谢失调，低于 5 ℃易受冻害。

（2）日照

茄子对日照长短要求不高，但对光照强度要求较高。光照弱，不仅光合作用强度减弱，易引起落花，且影响紫色素（指紫色茄）的形成，使品质下降。

（3）水分

茄子对水分的需求属于中等水平，但在高温季节，如遇干旱而不能及时补水，往往会引起红蜘蛛、茶黄螨蔓延，造成植株提前衰亡。茄子耐涝力比番茄、辣椒强，可进行沟灌。

3. 辣椒生长发育对气象条件的要求

（1）温度

辣椒喜温，成长植株能耐较低和较高温度。最适温度是 28 ~ 30 ℃，苗期为 30 ℃，开花结果阶段白天为 21 ~ 26 ℃，夜间为 16 ~ 20 ℃。幼株遇到 10 ~ 15 ℃时不能开花，但到长大后开花适温降低，夜间温度降至 8 ℃仍能开花结果。

（2）日照

辣椒对日照长短要求不高。生长期间要求干燥的空气和充足的阳光，阴雨天阳光不足时，则授粉不良，结果少，成熟慢。

（3）水分

辣椒不耐旱，也怕涝，特别是大果型品种，对水分的要求更严格，短期淹水，植株就会萎焉，严重时导致死亡。在土壤湿润而空气干燥（相对湿度 55% ~ 60%）的环境下，最适宜生长。

图 3-4　番茄成熟期

（二）绿叶菜类

绿叶菜在上海地区蔬菜生产和供应中占有重要地位。绿叶菜含有丰富的维生素和矿物质，深受市民欢迎。在淡季市场供应也有重要的作用。绿叶菜的种类虽多，但依照它们对环境条件（主要是温度、日照）的要求可分为两大类：一类要求冷凉的气候，较耐寒，如耐寒型青菜、菠菜、茼蒿、芹菜、荠菜等，生长适温为 15 ~ 20 ℃，可以安全越冬；另一类喜温暖，如耐热型青菜、苋菜、蕹菜等，生长适温为 20 ~ 25 ℃，10 ℃生长缓慢或停止生长。绿叶菜对日照的反应可分为两类：第一类属于长日性植物，如青菜、菠菜、芹菜等；第二类属于短日性植物，如蕹菜、苋菜等。

图 3-5 青菜生长

图 3-6 卷心菜生长

（三）蔬菜生产中的主要灾害性天气

1. 冻害

气温降至 0 ℃以下，作物内部结冰脱水，蔬菜植株体内液体结冰，冰晶积累后使细胞受压而破裂死亡。冻害在蔬菜生产中主要发生在 1—2 月。

2. 低温害

0 ℃以上低温对蔬菜造成的危害称为冷害。冷害发生后蔬菜植株可发生萎蔫，甚至死亡，易造成重大损失。冷害的低温强度虽然不及冻害，但若时间持续较长，仍可产生严重影响。

3. 连阴雨

一般指连续 5 天以上的降水天气。连阴雨常伴随高湿和日照缺乏，即连雨又连阴，故称连阴雨。连阴雨在引起日照缺乏的同时，还可能会造成蔬菜大棚内空气湿度过高，为一些病害的发生创造条件，土壤湿度过高还可造成渍害。

4. 暴雨

使一些排水不畅的菜地受淹而造成损失。蔬菜刚播种、定植或出苗不久时，由于其本身固定性差，更容易受到暴雨的冲击和破坏。夏季多热雷雨，遭雷雨袭击后，蔬菜根系活动减弱，吸水吸肥力降低，应更加注意及时喷施叶面肥，促进蔬菜的恢复生长。

5. 高温

在蔬菜生产中不一定只有高于 35 ℃的高温才有危害，可能在低于 35 ℃时就使蔬菜生长发育产生不适或是还没有到达 35 ℃时就使蔬菜花粉受精不正常或器官发育不正常。

6. 强对流天气

强对流天气可出现短时强降水、雷雨大风、龙卷风、冰雹等天气现象，它对蔬菜生产的危害和破坏性很大。

7. 台风

常带来狂风、暴雨，给蔬菜和设施造成严重的灾害。台风的破坏性表现：大风易将露天蔬菜吹倒折断，损坏大棚设施；暴雨使一些菜地受淹，蔬菜表面附上泥沙，影响蔬菜生长和增加病害。

8. 干旱

干旱是一种累积性过程。干旱发生后，蔬菜植株体内所需水分不能被满足，蒸腾的水分多于吸入的水分，使水分平衡失调，植株生长缓慢，逐渐萎蔫、枯黄，严重时会导致全株枯死。若干旱同时伴随高温，则蔬菜植株更易受到高温伤害，加速植株受害。

（四）防御措施

（1）选用抗逆性强的品种，夏季选用耐高温品种，冬季选用抗低温品种。

（2）建设好菜田沟系，并保持通畅，做到灌水灌得进去，排水排得出来。

（3）检查各类棚架设施，加固棚架和棚膜。

（4）冬季育苗期选用地加温育苗。冬季露地夜间采取多层覆盖保温防冻，大棚内采取多层覆盖保温或地加温方式保温防冻。

（5）夏季高温季节采用内、外遮阳方式或湿帘降温。伏旱期间要加强蔬菜水分管理，早、晚勤浇水，做到凉地、凉水、凉时浇。

暴雨过后或雨止时要及时排除田间积水，还要防止雨后高温造成蔬菜腐烂。

（6）连阴雨天气期间加深田间沟系以降低土壤湿度，利用雨隙加强大棚内通风，降低棚内湿度；及时清除棚内残叶、烂叶和病叶，减少蔬菜病害发生；控肥控水；采用可湿性粉剂防治病虫害。

五　西瓜与气象

（一）西瓜生长与气象条件的关系

1. 温度

西瓜属喜温性作物，全生育期要求较高的温度，不耐低温，更怕霜冻。西瓜生长所需最低温度为 10 ℃，最高温度为 40 ℃，最适温度为 25～30 ℃。西瓜在适宜温度范围内，温度日较差大有利于西瓜生长，因为这种条件下光合作用强，制造养分多，果实糖分积累也多。

2. 光照

西瓜属喜光作物，生长期间需充足的日照时数和较强的光照强度，一般每天应有 10～12 小时的日照。光照充足，植株生长健壮，茎蔓粗壮，叶片肥大，组织结构紧密，节间短，花芽分化早，坐果率高；光照不足、阴雨连绵会导致植株细弱、节间伸长、叶薄色淡、光合作用弱、易落花及化瓜。同时，也要注意6—7月日照过强，西瓜裸露部分失水太多，形成坏死斑即所谓"日烧病"发生。

3. 水分

西瓜叶蔓茂盛，果实硕大且含水量高，因此，耗水量大。但西瓜又忌湿怕涝，一旦瓜田被淹或地下水位过高，就会导致土壤缺氧，植株窒息死亡。结果期若阴雨连绵天气，则坐瓜困难、病害蔓延、产量降低。

图 3-7　西瓜生长

图 3-8　西瓜大棚

（二）影响西瓜（春季大棚早熟西瓜）生长发育的不利气象因素

1. 苗期气温偏低和光照不足

西瓜苗期正值严寒季节，是一年中最冷时段。1月平均气温4℃，最低气温0℃以下，甚至达到-5℃以下。1月平均日照时数110.3小时，部分年份阴雨天气多、日照时数不足90小时，甚至少数年份不足50小时。遇连阴雨天气，光照不足会影响培育壮苗。

对于气温偏低和光照不足，采用塑料大棚和苗床加温措施，确保秧苗生长所需温度；配置好营养土，加强肥水管理，培育壮苗；阴雨天气中午可短时通风降湿。

2. 定植后低温及连阴雨

西瓜定植期及定植后是春季气温回升、雨水增多的季节。此时温度高、光照充足，有利于西瓜营养体生长。2月下旬平均气温6.4℃，3月平均气温9.4℃，4月上旬平均气温13.0℃。该时段最低气温一般在3～5℃，但还会出现0℃以下的最低温度，甚至达到-5～-3℃，80%的年份2月下旬—3月上旬还会出现0℃以下的最低温度；大棚套小棚的措施增温效应明显，温度比较稳定，但当外界最低气温低于5℃，大棚套小棚内的最低温度低于15℃甚至低于10℃，这种条件便会影响生长甚至造成冻害。因此，要安排"冷尾暖头"定植，定植后做好保暖措施，防止夜间低温和冻害影响。

西瓜定植后春雨增多，常会出现连阴雨天气，光照不足，气温偏低，致使塑料棚内温度低，影响生长，甚至引起烂苗。如2010年3月上旬的连续阴雨天气，雨日多达8天，平均气温4.9℃，偏低常年3.0℃，日照时数16.3小时，不到常年平均的4成。

另外，3 月天气晴好时最高气温可上升到 20 ℃以上甚至 25 ℃以上，这时棚内最高温度可达 30 ℃以上甚至 35 ℃以上，此时就要注意适当通风降温。

3. 开花坐果期连阴雨光照不足

西瓜开花坐果需要充足的光照，光照不足会影响开花、受精，影响养分积累和果实生长，含糖量显著下降。一般年份 4 月中旬—5 月上旬这段时间是光照多、春雨相对较少的时段，日照时数 159 小时。但少数年份出现春季连阴雨，光照严重不足，如 2010 年 4 月 8—22 日连续半个月的阴雨天气，日照时数仅 29.3 小时，2008 年 4 月 11—22 日连续 12 天的阴雨天气，日照时数仅 20.6 小时，更为严重的 2002 年，4 月中旬—5 月上旬日照时数仅 52.3 小时，雨日多达 21 天。遇这种天气要经常通风降湿，加强肥水管理，合理整枝，培育大苗壮苗，促进瓜秧营养体旺盛生长，进行人工辅助授粉，提高坐果率，促进开花、受精。

4 月和 5 月天气晴好时最高气温可达到 25 ~ 30 ℃，这时就要注意通风降温。

4. 采收期受梅雨和台风影响

春季大棚早熟西瓜采收期较长，从 5 月下旬—9 月中旬，期间经历春夏之交、夏季和夏秋之交，梅雨、台风、雷雨大风等对西瓜生长、产量和大棚设施影响大。据气象资料分析，青浦区 6 月中旬入梅，7 月上旬出梅，梅雨期 20 多天，梅雨量 200 毫米以上，但梅雨多的年份如 1991、1995、1996、1999、2008 年等梅雨量都超过 300 毫米。西瓜采收期平均每年有 1 ~ 2 个台风影响，有 3 ~ 5 次局地雷雨大风天气。

采收期遇梅雨和台风天气，要及时采取排水措施，防止瓜田内积水；加固西瓜大棚，及时采摘成熟的西瓜。

六 草莓与气象

（一）设施栽培草莓生长发育与气象条件关系

1. 温度

草莓喜温暖，不耐寒，也不抗炎热。草莓生长最适宜的温度为 18 ~ 25 ℃，温度过高或过低对草莓的生长均有不良影响，如遇到 −3 ℃的低温就会受冻害，温度降至 −10 ℃时植株就会冻死，高于 40 ℃时将影响生长、授粉受精，导致畸形果的产生。夏季天气干旱炎热，日照强烈，会抑制草莓的正常生长，因此，草莓栽培中，不但要防御低温，还要采取措施防御高温。

2. 光照

草莓喜光，在光照充足的环境下，植株生长旺盛，叶片深绿色，发育良好，能够获得丰产。种植过密或被遮挡时，由于光照不充足会影响正常生长。

3. 水分

由于草莓根系较浅，叶面较大，叶、茎的蒸腾强，因此在整个生长期间都要求有比较充足的水分供应。如果发芽期缺水，将阻碍茎、叶的正常生长；开花及结果期缺水，影响花的开放和果实的正常发育。育苗期、秋季定植时水分要充足，经常保持土壤湿润，提高栽种苗的成活率；果实发育肥大期应及时灌水，此时需水量最多。同时要注意梅雨期、雷暴雨及台风暴雨等引起的积水。

草莓设施栽培从 3 月份苗定植到次年 5 月上旬草莓采收结束，生长期跨度长达 14 个月，经历夏热冬寒大风暴雨的天气，由于采取大棚促成栽培措施，冬季大棚保温可防御寒冷天气，夏季采取遮荫措施，可抵御烈日暴晒和高温酷暑天气。

图 3-9　草莓移栽生长期

图 3-10　草莓开花结果期

（二）影响草莓设施栽培和产量的气候条件

分析 2001—2013 年（以大棚促成栽培为主的草莓栽培形式）草莓亩产量与草莓关键生长期的气象条件关系（图 3-11、表 3-1）。发现，草莓亩产量与草莓关键生长期气象条件关系密切。首先，9—11 月（草莓移栽到开花阶段）降水量多，影响草莓移栽以后的生长和开花结果，从而影响产量；相反，降水量少，有利于开花结果。其次，10 月—次年 4 月（开花结果期）若日照多，光合产物积累多，有利于生长和开花、授粉和结果，累积糖分高；而日照少，则不利于生长和开花、授粉和结果，累积糖分低；另外，日照多有利于棚内增温。第三，1—2 月（开花结果期）平均气温通常是一年中气温最低的时段，气温低一方面影响开花、授粉和结果，另一方面会出现冻害；而气温偏高时，有利于开花、授粉和结果，出现冻害的机会也小。第四，7—8 月（苗期）这一时段是一年中最热的时段，高温天，尤其是持续高温，不但会影响苗生长，还会引起死苗；相反 7—8 月若气温不高、高温天少，则有利于苗生长。

用距平（或距平百分率）表示降水量、日照多或少，平均气温高或低。从表 3-1 中可以看出，草莓单产距平百分率与 10 月—次年 4 月日照距平百分率、1—2 月平均气温距平呈正相关，而与9—11 月降水量距平百分率、7—8 月平均气温距平呈负相关。通过与草莓单产距平百分率相关性分析，9—11 月降水量距平百分率和 10 月—次年 4 月日照距平百分率的相关系数通过 0.05 的检验水平。由此可见，关键生长期降水、百分率光照和温度是影响设施栽培草莓产量的主要气候因素。

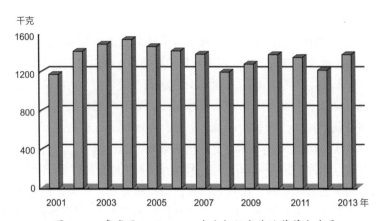

图 3-11 青浦区 2001—2013 年大棚促成栽培草莓亩产量

表 3-1 草莓产量与气象条件关系

年份	单产 / 千克	单产距平百分率 / %	9—11 月降水量距平百分率 / %	10—4 月日照距平百分率 / %	1—2 月平均气温距平 / ℃	7—8 月平均气温距平 / ℃
2001	1170.7	-14	47	-11	1.1	0.3
2002	1407.4	4	-65	-6	2.3	0.2
2003	1485.7	9	-9	-12	0.3	-0.9
2004	1533.5	13	-31	11	1.3	1.2
2005	1457.3	7	3	15	-1.3	1.1
2006	1418	4	7	8	0.7	0.6
2007	1386.8	2	-7	-8	2.1	1.5
2008	1201.4	-12	69	1	-1.4	1.6
2009	1278.8	-6	9	-5	1.2	1.1
2010	1381	2	-4	-1	0.9	0.0
2011	1351	-1	-8	8	-1.8	1.0
2012	1216	-11	-45	-21	-0.8	0.8
2013	1380	2	9	-3	0.2	1.2
平均	1359					

注：2001 年产量是指 2000 年 3 月—2001 年 5 月生长期草莓的产量；9—11 月降水量距平、7—8 月平均气温距平是指 2000 年 9 月—11 月、7—8 月时间段；10—4 月日照距平是指 2000 年 10 月—2001 年 4 月时间段

（三）草莓设施栽培生长期主要农业气象灾害

经调查、分析，草莓设施栽培生长期主要有以下农业气象灾害：

1. 繁苗期（3月上旬—8月底）

繁苗期主要农业气象灾害是高温、暴雨和热阵雨。

(1) 高温

夏季7—8月最高气温 ≥ 35 ℃时，近地面处（草莓生长层）温度可达到40 ℃以上，此时就会影响苗生长，易产生高温烧苗，甚至引起死苗，特别是立秋到移栽是整个苗期最关键时段，草莓苗对高温更为敏感。如2013年7—8月持续高温，死苗比较多。

当出现上述高温时，需提醒种植户采取遮阳降温、保持土壤湿润、防止高温危害等措施，加强田间管理，培育壮苗。

(2) 暴雨

暴雨造成苗根部浸水或受淹，受淹24小时，就会影响苗生长，甚至引起死苗，暴雨还会引发炭疽病。降暴雨时，要开沟排水，保持排水畅通，尽量不积水或缩短积水时间。

(3) 热阵雨

上午、中午天气晴热，温度高，午后出现阵雨，主要会引起炭疽病暴发。要盖遮阳网，减轻热阵雨影响，及时防病治病。

2. 移栽生长期（9—10月底）

主要农业气象灾害是高温、暴雨和热阵雨。

(1) 高温

移栽以后气温 30 ℃以上，近地面处（草莓生长层）温度达到 35 ℃以上，就会影响苗成活、生长，甚至引起死苗。要采取遮阳降温、保持土壤湿润、防止高温危害等措施。

(2) 暴雨

暴雨造成根浸水或受淹，影响苗生长，甚至引起死苗。根浸水或受淹 3 天 3 夜，将引起大面积死苗；根浸水或受淹 2 天 2 夜，苗是可成活，但苗差，果实品质差，产量不高，造成部分死苗。2013 年 10 月 7—8 日大暴雨，受淹面积 7000 多亩，死苗面积 4400 多亩。要及时开沟排水，保持排水畅通，雨量大时采取人工排水。

(3) 热阵雨

与繁苗期类似，热阵雨也会主要引起该阶段炭疽病暴发。要加盖遮阳网，及时防病治病。

3. 开花—收获期（11 月上旬—次年 5 月上旬）

主要气象灾害是连阴雨、暖湿天、高温、低温冻害和大风、大雪积雪天气。

(1) 连阴雨

开花时，遇到 3 天或以上连阴雨天气，会影响开花、授粉，造成畸形果，诱发灰霉病。当出现连阴雨天气时，需提醒种植户在雨隙采取通风降湿、防治病害措施。

(2) 暖湿天

是指棚内温度 20 ~ 25 ℃、相对湿度 ≥ 90%。暖湿天气诱发白粉病，特别是2—3月的暖湿天气。当出现暖湿天时，需提醒种植户采取通风降湿、药剂防治措施。

(3) 高温

2—3月份，天气晴好时，当棚外最高气温15 ℃时，中午棚内温度可达30 ℃以上，出现高温，影响开花、结果，容易发生红蜘蛛危害。2—3月遇这种天气时，主要采取通风降温措施，防止高温危害。

(4) 低温冻害

11月中旬以后，棚内温度低于0 ℃时，花朵易受冻，影响结果；棚内温度≤ −3 ℃，花朵受冻，草莓果发黑，容易造成畸形果、僵果；连续3天棚内温度≤ −3 ℃，会严重影响开花、结果。当出现低温冻害时，需提醒种植户采取保温措施。

（5）大风、大雪积雪

大风、大雪积雪会吹坏、压坏大棚、塑料薄膜，损坏大棚设施，也使较冷空气进入棚内造成冻害。应采取加固大棚，除去大棚上积雪等措施。

七 食用菌（秀珍菇）与气象

（一）秀珍菇生长与气象条件关系

秀珍菇是近几年国际市场上新开发的一种营养价值极高的珍稀食用菌。秀珍菇肉质脆嫩、纤维含量少，口感特佳，不仅营养丰富，而且味道鲜美，深受消费者青睐，目前青浦区每年栽种300万包，经济效益可观。秀珍菇属中温型菌类，出菇温度一般为10 ~ 30 ℃，最适宜温度为 20 ~ 22 ℃，8 ℃以上温差刺激有利于子实体的形成。空气相对湿度保持在 85% ~ 95% 时，子实体生长正常；低于 70% 时不利生长，若空气干燥，菇体变小，严重时还会引起菇原基萎缩，菇蕾死亡。

图 3-12　秀珍菇生长

图 3-13　采摘秀珍菇

（二）秀珍菇栽培中的主要不利气象因素

一是4月下旬—5月上旬期间的高温高湿天气，可诱发绿霉菌发生；二是6—7月梅雨长，致绿霉菌暴发。青浦区秀珍菇栽培有两季：早栽的一季4月下旬—7月下旬，晚栽的一季6月—9月中旬。据研究，高温高湿的环境有利于绿霉病发病，以在25 ~ 27 ℃时发病最烈；相对湿度达95% ~ 98%时，易于发病。

从气象资料分析，青浦区4月下旬—5月上旬期间出现≥25 ℃、相对湿度≥95%的高温高湿天气出现的概率较高，一般每年有3 ~ 5天，而多的年份达10天以上，因此该时段的高温高湿天气较有利于绿霉菌发生。6—7月正值上海地区梅雨期，一般年份高温高湿天气多达15天，多的年份30天以上，极有利于绿霉菌发生。

应对高温高湿措施，食用菌棚舍应经常通风，适当控制喷水，降低空气湿度，有条件的可采取除湿措施，加强绿霉菌等病害防治。

八 茭白与气象

茭白是一种多年生宿根草木植物，喜温喜光，不耐寒冷和高温干旱，对水肥条件要求高。青浦茭白自20世纪50年代种植以来，至今已有近60年的悠久历史。青浦区茭白种植面积约3万亩次（分两季），上市9万多吨，产值超2亿元。

茭白生长、发育可分为四个阶段

1. 萌芽期

入春后3、4月开始发芽，所需最低温度5 ℃以上，以10 ~ 20℃为宜。

2. 分蘖期

自 4 月下旬—8 月底，每一株可分蘖 10 ～ 20 个以上，适温为 20 ～ 30 ℃。

3. 孕茭期

双季茭 6 月上旬至下旬孕茭一次，8 月下旬—9 月下旬又孕茭一次。温度是影响孕茭的重要因素，适温为 15 ～ 25 ℃，低于 10 ℃或高于 30 ℃，都不会孕茭。

4. 生长停滞和休眠期

孕茭后温度低于 15 ℃以下分蘖和地上部分都生长停止，5 ℃以下地上部分枯死，地下部分都在土中越冬。

图 3-14　生长茂盛的茭白

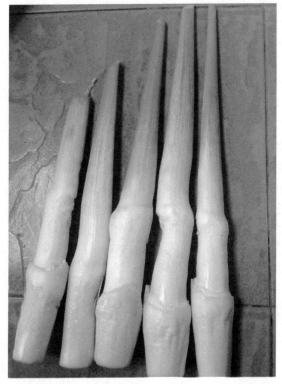

图 3-15 去叶茭白

九 水产与气象

　　青浦区境内江河、湖泊多，水产养殖业发展快，有青鱼、草鱼、鲢鱼、鳙鱼等传统的四大家鱼，又有南美白对虾、青虾、罗非鱼、白水鱼（翘嘴红鲌）、生态鳖等特色水产，水产养殖面积 5 万多亩，其中南美白对虾养殖面积约 2 万亩。

（一）水产生长发育与气象条件关系

1. 水温

鱼是变温动物，水温高低直接影响到鱼类的摄食与生长。适宜的水温一般是在 15 ~ 30 ℃；在适温范围内，水温越高生长越快，超过适温范围，水温过高，生长发育会受到抑制，甚至引起浮头死亡，水温过低则生长缓慢，低于 5 ℃便停止摄食而进入冬眠状态。但不同类型的水产也有差别，如南美白对虾，人工养殖的水温可在 16 ~ 35 ℃（从生产角度，养殖南美白对虾的最低水温应在 23 ℃以上），最适宜生长水温为 25 ~ 32 ℃。据研究，27 ~ 30 ℃ 时白对虾生长最快。当水温长时间处于 18 ℃以下或 33 ℃以上时，白对虾处于紧迫状态，抗病力下降，食欲减退或停止摄食，随时有死亡的可能[*]。

2. 天气

天气条件影响池塘中含氧量，直接影响到南美白对虾的摄食和生长。池塘中含氧量取决于水生植物光合作用制造的氧，晴天日照时间长、光照强、水生植物光合作用强，产生的氧气多，阴雨天则反之。其次，还和大气里的氧气溶入水中的多少有关，气压高、风力大、水温低、水速大、溶入水中的氧气就多，反之则少。在雷雨天气前气压低、天气闷热时，水中的氧气还会扩散，逸出一部分到空气中去；同时也取决于鱼群的耗氧和腐殖质氧化时耗氧的多少。这些都和天气变化有着密切的关系。另外，光照充足对水产生长有利。

---

[*] 引自《南美白对虾养殖技术培训材料》（由青浦区科学技术协会和青浦区水产技术推广站编写）。

（二）南美白对虾养殖气象条件分析

1. 南美白对虾生长发育的水温、气象环境条件

南美白对虾为热带虾种，人工养殖的水温可在 16 ~ 35 ℃（渐变幅度），养殖最适宜水温 25 ~ 32 ℃，其中 27 ~ 30 ℃时白对虾生长最快。当水温长时间处于 18 ℃以下或 33 ℃以上时，则白对虾处于胁迫状态，抗病力下降，食欲减退或停止摄食，随时有死亡的可能，水温低于 9 ℃时开始出现死亡。从经济角度上看，养殖南美白对虾的最低水温应在 23 ℃以上，因此，一般水温达到 18 ℃以上时开始放养。

天气条件影响池塘中含氧量，直接影响到南美白对虾的摄食生长。晴天光照好、气压高、风力大、水温低、水速大，则水中的氧气就多，反之则少。

图 3-16　南美白对虾

2. 南美白对虾养殖主要生长期气象条件分析

（1）放养期春季低温

青浦区养殖虾苗从浙江一带引入，需要一周淡化，为了提早上市，早的放养期提早至4月初，虾苗进大棚池塘内养殖。据青浦区常年气象资料分析，4月上旬平均气温13℃。根据鱼塘大棚内水温与气温关系试验分析，鱼塘大棚内水温可比气温高6～8℃，因此4月上旬大棚池塘内水温可达18℃以上。由于此时正值早春时期，冷暖变化较大，容易遇低温或连阴雨天气，如1984、1996年4月上旬平均气温为10.3℃和10.2℃，大棚池塘内水温会低于18℃，对虾苗生长有较大不利影响。表3-2是1981—2010年日平均气温稳定≥12℃出现时段的次数，由表可见，30年中有7年日平均气温稳定≥12℃出现在4月中旬，其中1987、1996和2001年出现在4月16—17日。

表3-2　1981—2010年日平均气温稳定≥12℃出现时段的次数

出现时段	出现次数
3月	6
4月上旬	17
4月中旬	7

裸露池塘放养期一般在5月中下旬，青浦区5月中下旬平均气温分别为19.6℃和21.4℃，此时池塘水温20℃左右。遇气温

偏低年份，池塘水温可能低于 18 ℃，也会影响虾苗生长，如 1990 年 5 月 22—24 日受冷空气影响，日平均气温 13 ～ 17 ℃。

无论 4 月初大棚池塘放养，还是 5 月中下旬裸露池塘放养，要注意温度、光照等天气变化，选择在冷尾暖头的微风晴好天气放养，避免由于水温低而影响虾苗生长。

（2）收获期秋季冷空气

南美白对虾等水产对冷空气反应敏感，不适应水温突然变化。秋季 10—11 月受冷空气影响后，水温明显下降，当秋季最低气温低于 6 ℃，此时水温可能会低于 9 ℃，将使白对虾遭受冷害，影响生长。从 1981—2010 年的资料分析来看，80% 的年份秋季最低气温 ≤ 6 ℃ 的初日在 11 月中下旬；受较强冷空气影响出现较明显降温共 39 次（10 月 13 次，11 月 26 次），其中 7 次出现在 10 月上半个月。

因此，要重视秋季第一次较强冷空气对南美白对虾生长的影响，尽可能在第一次较强冷空气影响前收获或进入大棚池塘。

（三）"泛塘"与气象

盛夏季节因天气突变引起的"泛塘"死鱼，成为渔业生产中的主要气象灾害之一。观测渔塘溶解氧变化，分析"泛塘"与天气变化关系，便于生产中采取措施，避防或减轻不利气象条件对淡水鱼养殖的影响。

1. 渔塘溶解氧变化的基本规律

光照、天气、降水、风力、气压、湿度等气象因素都会影响池塘含氧量。试验观测资料表明：渔塘中溶解氧具有明显的日变化周期，以晚上 20 时—次日 10 时为最小，白天 12 —17 时达到最大，不同深度水层的溶解氧含量有较大差异。盛夏季节，一天中溶解氧含量以午后 14 时前后为最高，此时 0 ~ 5 厘米水层的溶解氧含量可以达到 6 毫克 / 升，50 厘米深度水层为 5 毫克 / 升左右，100 厘米深度的水层在 3.5 ~ 4 毫克 / 升，这一时段不同深度水层溶解氧含氧量差异值也达到最大；清晨日出之前为最低。

2. "泛塘"的气象指标

导致"泛塘"的天气类型有三种：突变型泛塘、持续型泛塘和强降水型泛塘。

突变型泛塘出现时具有天气闷热、泛塘时间短等特征，泛塘发生前 3 天，大气水汽压与气压的比值变化连续上升，泛塘发生当天，白天最高气温达 32 ~ 34 ℃，水汽压高达 34 ~ 37 百帕，光照弱，风速小，午后至傍晚出现雷阵雨且伴随降温过程，降温幅度 8 ℃左右。

持续型泛塘持续时间为 6 ~ 7 天，平均气温表现为强正距平，比前期平均气温上升 4 ~ 5 ℃，气压表现为负距平，比前期平均下降 4.5 ~ 7.2 百帕。

强降水型泛塘为出现中到大雨，雨后相对湿度直线上升（90% 以上）。

3. 青浦区"泛塘"天气容易出现的时段

从青浦区历年"泛塘"情况分析来看,泛塘主要出现在7—8月,集中在7月下旬—8月下旬,9月也有可能出现泛塘,平均每年1~2次,但年际出现的次数有差别。

十 设施农业与气象

(一)单栋大棚内小气候特点

1. 棚内温度高、湿度大

棚内气温较棚外平均高 2.4 ℃左右,最低气温平均偏高 0.9 ℃左右。在辐射冷却的夜晚,棚内最低温度往往比棚外还要低些。

2. 最高温度升温显著,昼夜温差大

棚内温度与天气条件的关系,以最高温度表现最为突出。棚内外温度差值总是以最高温度差值最大,其中尤以晴天显著。在密闭晴天状况下,一般棚内最高温度比棚外高 10 ℃左右。在晴暖天气条件下,棚内温度日较差在 25 ℃左右。

3. 棚内照度减半,光照欠丰

由于受塑料薄膜的遮挡,棚内辐射明显低于棚外,平均为棚外的 50%~70%,在塑料薄膜为新膜时,可达 85% 左右。棚内温度、光照的日变化规律同棚外。

（二）四连栋塑料温室（大棚）各季节内外温度、湿度关系

1. 冬季

晴天温室内日平均气温、最高气温和相对湿度分别比气象站高 3.1 ℃、12.3 ℃和 21%，日最低气温比气象站低 1.0 ℃；阴天温室内日平均气温、最高气温、最低气温和相对湿度分别比气象站高 2.1 ℃、4.5 ℃、1.2 ℃和 11%；多云温室内日平均气温、最高气温、最低气温和相对湿度分别比气象站高 3.7 ℃、11.8 ℃、0.2 ℃和 15%。

2. 春秋季

晴天温室内日平均气温、最高气温、最低气温和相对湿度分别比气象站高 3.9 ℃、10.3 ℃、1.0 ℃和 12%；阴天温室内日平均气温、最高气温、最低气温和相对湿度分别比气象站高 3.5 ℃、7.3 ℃、2.3 ℃和 5%；多云温室内日平均气温、最高气温、最低气温和相对湿度分别比气象站高 3.8 ℃、10.8 ℃、0.5 ℃和 1%。

3. 夏季

晴天温室内日平均气温、最高气温、最低气温和相对湿度分别比气象站高 0.7 ℃、2.5 ℃、0.1 ℃和 4%；阴天温室内日平均气温、最高气温、最低气温分别比气象站高 1.3 ℃、2.5 ℃和 0.8 ℃，日平均相对湿度与气象站相同；多云温室内日平均气温、最高气温、最低气温和相对湿度分别比气象站高 0.3 ℃、0.7 ℃、0.6 ℃和 5%。

图 3-17　大棚番茄开花期

图 3-18　连栋大棚草莓生产

（三）蔬菜大棚温度预警指标

根据蔬菜设施大棚温度对比分析，冬季在晴好天气的夜间到早晨，蔬菜大棚内最低温度接近气象站最低气温，甚至有时低 1 ℃左右。因此，当冬季最低气温在 0 ℃以下，尤其是 -5 ～ -3℃时，可能会对蔬菜造成冻害，要做好防寒保暖措施，加覆地膜或小拱棚膜。春季在晴好天气下，蔬菜大棚内最高温度比气象站最高气温高 10.8 ～ 11.8 ℃。因此，当春季 3—5 月晴好天气下最高气温达到 25 ℃时，蔬菜大棚内最高温度可达 35 ℃，此时要注意揭膜通风，防止高温烧伤蔬菜。

IV 病虫害与气象

农作物病虫害是青浦区农业的主要灾害之一，它具有种类多、发生频率高、成灾影响大的特点，其发生范围和严重程度对农业生产常造成重大损失。

一 水稻螟虫

水稻螟虫俗称钻心虫，主要种类为二化螟、三化螟和大螟，其幼虫蛀食水稻茎秆或叶鞘，虫害严重时会形成大片白穗。三化螟为单食性，只危害水稻；二化螟为寡食性，除水稻外还危害茭白、麦子、玉米、甘蔗；大螟为杂食性，可危害水稻、小麦、玉米、茭白、棉花等。

春季温暖，湿度正常，越冬幼虫死亡低，发生早，数量多；春季低温多湿，不利越冬幼虫发育；夏季高温干旱对幼虫发育不利，水温持续 35 ℃以上，幼虫死亡率高。

二化螟属鳞翅目、螟蛾总科、草螟科。通常在春季气温达 11 ℃时开始化蛹，15 ～ 16 ℃左右开始羽化。低温高湿天气虫害发生期推迟；春季回温早、湿度适宜，发生期就提前。各代幼虫历期 31 ～ 50 天，高温少历期短，否则相反。二化螟趋光性强。二化螟化蛹期如遇暴雨、积水深，能淹死大量幼虫和蛹。

三化螟属鳞翅目、螟蛾总科、禾螟科。从春季日平均温度 15 ℃以上的出现期，至秋季日平均温度 18 ℃的终止期为三化螟全年的生长期，趋光性强。三化螟完成一个世代一般需要 16 ℃以上的有效积温 450 ℃·天。温度高于 42 ℃或低于 17 ℃超过 3 小时，或者相对湿度低于 60%，不能孵化。当温度高于 40 ℃时侵入率低。春季越冬代死亡率高。

大螟属鳞翅目、夜蛾科。越冬幼虫在温度上升到 8 ～ 11 ℃以上时，开始爬出取食。卵的发育起点温度为 13.4 ℃左右，蛹的发育起点温度为 11.3 ℃左右。

图 4-1　钻蛀水稻内螟虫

图 4-2　水稻螟虫危害状

（一）监测方法

一是灯下监测。每年 4 月 20 日—10 月 20 日，每天夜间以 20 瓦黑光灯诱测成虫，观察成虫消长。二是越冬基数调查。在冬前 12 月和冬后 4 月选择有代表性的有效虫源田 10 块，采用 5 点取样 法，每点 5 米^2 计数每亩残虫量。三是田间危害情况调查。对第一 代和第二代枯心苗停止发展后进行调查，第三代在白穗停止发展 后进行调查。

（二）农业防治

一是要实行春季耕翻。对绿肥田和休闲田在 3 月下旬—5 月上 旬用中型拖拉机进行耕翻，有效压低越冬虫口基数。二是要适当 推迟水稻播种期。将原来在 5 月上中旬的直播期，推迟到 5 月 25 日后，杂交稻等生育期较长的品种，在 5 月 15 日后集中播种，6 月 10 日后移栽或抛秧，有效避开一代螟虫卵高峰期。

（三）化学防治

一是要科学制定防治策略。采取"狠治一代压基数，普治二 代压三代，重治三代保穗数"的策略。具体方法是一代螟虫发生期，对移栽苗、抛秧苗，以及早播直播稻苗，在 5 月底—6 月 20 日进 行重点防治。7 月 20 日左右对二代螟虫发生区进行重点防治，其 他病虫兼治。三代螟虫在 8 月下旬—9 月上旬进行重治。二是要交 替使用药剂。为减缓螟虫的抗药性，要做到交替用药。对养殖虾、蟹、蜜蜂等地区要注意用药。三是要抓准施药时间。要抓住螟虫 卵孵盛期进行防治，虫卵基数高的地区要确保二次施药。四是要 用足水量。手动喷雾器单位面积用水量每亩 40 千克以上，弥雾机 用水量每亩不低于 20 千克。

二 稻纵卷叶螟

稻纵卷叶螟属鳞翅目、螟蛾科。30° N以北任何虫态都不能越冬，为越冬死亡区。它是一种依附气流南北往返迁飞的、我国水稻易受其危害的害虫，通常幼虫卷成纵苞，躲藏在其中取食上表皮及叶肉，仅留白色下表皮。水稻苗期受害影响正常生长；分蘖期至拔节期受害会导致分蘖减少，植株缩短，生育期推迟；孕穗至齐穗期剑叶受害会影响开花结实，空秕率增加，千粒重下降。

稻纵卷叶螟有一定趋光性，成虫生长需要适温、高湿，适宜的温度为22 ~ 28 ℃，相对湿度80%以上。在19 ℃以下或30 ℃以上时繁殖率和寿命受到抑制。阴雨高湿天气，易于发生虫害；高温、干旱或低温均不易发生。蛹期对温湿度的要求较宽，但抗水能力弱。

图4-3　稻纵卷叶螟幼虫

图 4-4　稻纵卷叶螟危害状

（一）监测方法

一是田间赶蛾。从 6 月 10 日开始，选择有代表性的不同类型田各 1 ～ 2 块，每天进行固定点用竹竿进行赶蛾，监测单位面积发蛾量。二是田间系统调查。从 6 月 25 日开始系统调查田间虫量和卵量，及时掌握稻纵卷叶螟迁入量与田间发生动态，准确发布病虫动态和指导防治。

（二）农业防治

一是要根据水稻的生长规律，施足基肥，多施有机肥、复合肥和早施追肥，同时要配施磷和钾肥。二是要做到适时灌溉，在分蘖期浅灌，分蘖末期及时搁田，减少无效分蘖发生，水稻生长后期要干湿交替。三是要控制稻苗贪青旺长，使叶片挺直而硬，植株色泽适度变淡，不利于幼虫取食。

（三）化学防治

一是要采取稻纵卷叶螟的发生规律"狠治二代，普治三代，重治四代"的用药策略。一般于1龄幼虫高峰期，田间卷叶率1%～2%时用药。但不同农药的杀虫效能有明显差异，防治期可适当调整。二是可选用5%甲氨基阿维菌素苯甲酸盐水分散粒剂每亩18～20克或1%甲氨基阿维菌素苯甲酸盐水分散粒剂每亩80～100克进行防治。三是要兼治蝽虫，可选用20%甲维毒死蜱可湿性粉剂每亩60～80克，或40%毒·辛乳油每亩150克，或17%阿维·毒死蜱乳油每亩100毫升。四是对大龄幼虫发生量较高的田块，可选用氯虫苯甲酰胺200克/升悬浮剂每亩12毫升防治。

三　稻褐飞虱

稻褐飞虱是远距离迁飞的害虫，成虫和若虫刺吸水稻茎叶内汁液，可造成水稻枯死，严重时成片倒伏。稻褐飞虱为单食性害虫，只在水稻上取食和繁殖后代。

稻褐飞虱是上海地区单季晚稻生长过程中的一种主要害虫，是生产上重要的防治对象。气象条件是影响稻褐飞虱的迁飞、发生和危害程度的主要因子之一，其中温度、降水与湿度是决定稻褐飞虱危害程度的关键因素。稻褐飞虱发生的适宜气温为22～32℃，尤其以26～28℃最为适宜，适宜的相对湿度80%～85%，温度过高、过低及湿度过低，不利于生长发育，34℃以上的高温有抑制作用。凉夏暖秋的气候有利于发生发展和危害。另外，始见期褐飞虱发生程度是预测中需关注的一个指标。据研究，单季晚稻褐飞虱高峰虫量与灯诱始见期呈显著正相关，因此，单季晚稻褐飞虱（灯诱）始见期的早晚对单季晚稻褐飞虱发生程度有一定的指示作用。

据分析研究，7—10月间，若日平均气温在22～32 ℃，且日平均相对湿度≥78%的日数≥8天，则适宜稻褐飞虱生长发育；反之，该类型日数≤3天，则不适于其生长发育。

（一）监测方法

一是灯下监测。用200瓦白炽灯作标准光源设置诱虫灯，每年5月20日—10月20日全夜开灯诱虫，逐日将诱得成虫进行计数。二是田间系统拍查。每5天一次采用33厘米×45厘米的白搪瓷盘拍查100丛水稻，折算成百穴虫量和百株有效卵量。三是防治前后检查防效。选当地各主要类型田普查20块以上，分别在防治前和防治后进行查看。

（二）农业防治

一是要浅水勤灌，适时适度搁田，严防长期灌深水，影响水稻根系生长。二是要推广氮、磷、钾肥的合理搭配和施用，施足基肥，严防水稻前期猛发，后期贪青迟熟，诱发稻褐飞虱的发生。三是要注意保护和利用田间蜘蛛、黑肩绿盲蝽等各种天敌。

（三）化学防治

一是要根据褐飞虱发生规律采取"治前控后"策略，即"打三代，压四代，控五代"的用药策略。一般应掌握在成虫迁入高峰后进行用药。二是可选用25%吡蚜酮每亩20～30克，或50%烯啶虫胺每亩8克，或10%醚菊酯悬浮剂每亩50～60毫升，或30%混灭·噻嗪酮乳油（抑虱净）每亩100～120毫升进行防治。三是亩虫量超过30万头，且以高龄若虫和成虫为主的重发田块，采用长效药剂和速效药剂一起使用的办法，即用25%吡蚜酮每亩20～30克，加30%抑虱净120毫升进行防治。四是高龄若虫和成虫亩虫量超50万的田块，采用速效和长效前后施药的办法，先用80%敌敌畏乳剂每亩 400 毫升拌细土撒施薰蒸，隔 2 天后再用 25% 吡蚜酮每亩 20 ~ 30 克进行防治。

图 4-5　稻褐飞虱成虫

图 4-6　稻褐飞虱危害田成片倒伏

四 水稻纹枯病

水稻纹枯病是当前水稻生产上的主要病害之一，病菌以菌丝侵入叶鞘组织，水稻拔节期开始激增，抽穗前以叶鞘危害为主，抽穗后向叶片、穗颈部扩展，造成水稻不能抽穗或秕谷增多，千粒重下降。

高温高湿的气象环境是水稻纹枯病发生流行的主要条件。温度是决定此病每年在水稻上发生早迟的主要原因，而湿度则对病情的发展起着主导的作用。气温在 25 ~ 31 ℃，相对湿度 90% 时是水稻纹枯病流行的有利条件。

图 4-7　水稻纹枯病单株症状　　图 4-8　水稻纹枯病单穴症状

（一）监测方法

一是系统调查。从水稻分蘖开始，选择当地施肥水平高、历年发病重的田块进行，每3天调查一次病穴率和病株率。二是大田病情普查，各乡镇选择有代表性的稻田8～10块，在分蘖盛期、孕穗期、抽穗期、乳熟期各调查一次，计算穴发病率、株发病和病情指数调查。

（二）农业防治

一是要施足基肥，早施追肥，不可重施氮肥，增施磷钾肥，使水稻前期不披叶，中期不徒长，后期不贪青。二是在分蘖期做到浅水、晒田促根，长穗期湿润、不早断水。三是要适当稀植，有效降低田间群体密度、提高植株间的通透性、降低田间湿度，从而达到有效减轻病害发生及防止倒伏的目的。

（三）化学防治

一是在水稻分蘖盛期即水稻封行前，也就是纹枯病发病初期，或在水稻分蘖末期即水稻封行后，纹枯病进入快速扩展期进行第一次用药。二是可选用11%井冈·已唑醇可湿性粉剂每亩60～80克，或6%井冈·蛇床素可湿性粉剂每亩60克，或15%井冈霉素A可溶性粉剂每亩70克，或10%井冈·蜡芽菌悬浮剂每亩150毫升。三是对发病严重田块建议加240克/升噻呋酰胺悬浮剂（满穗）每亩20毫升进行防治。

五　水稻条纹叶枯病

水稻条纹叶枯病是由灰飞虱为媒介传播的病毒病。苗期发病心叶基部出现褪绿黄白斑。分蘖期发病叶基部出现褪绿黄斑，后扩展成不规则黄白色条斑。拔节后发病在剑叶下部，出现黄绿色条纹。孕穗期至穗期发病形成穗畸形，结实很少。春季气温偏高，降雨少，虫口多，发病重。

图 4-9　水稻分蘖期条纹叶枯病症状　图 4-10　水稻穗期条纹叶枯病症状

（一）监测方法

一是冬前和春季有效虫源调查。每次调查 10 块麦田，分别调查灰飞虱成虫、若虫，统计每亩发生量和发育进度，从 5 月 5 日起至大面积麦收结束，调整为每 5 天调查一次。二是水稻田灰飞虱调查。在水稻秧苗二叶一心期，每 3 天调查一次，分别调查灰飞虱成虫、若虫，统计每亩发生量。三是秧苗期条纹叶枯病发病率调查。每田调查 5 个点，每点一个平方尺，调查秧苗总株数和发病株数，计算发病株率。

（二）农业防治

一是要贯彻"切断毒链，治虫控病"的防治策略，采取"压低基数，重防一代"综合防治措施，避免一代灰飞虱传毒危害。

二是夏熟小麦、油菜收获后及时灌水和耕翻，将大量灰飞虱消灭在迁入水稻秧苗前。三是播种水稻秧苗时，同一区域尽可能避开与小麦有共生期，避免灰飞虱直接从老寄主就近转移到新寄主。四是适当推迟播期，建议机插移栽稻在 5 月 22—26 日集中播种，6 月 10 日后移栽。直播水稻在 6 月 1 日后播种，可有效避开一代灰飞虱成虫发生高峰期。

（三）化学防治

一是浸种处理，减少水稻苗期防治，水稻浸种时加 10% 吡虫啉可湿性粉剂每亩 10 克进行浸种处理。二是 6 月 5 日前播种的直播稻，在一叶一心至二叶期进行第一次防治；隔 7 ～ 10 天进行第二次防治；6 月 5 日后播种的水稻在二叶至二叶一心期防治一次。三是大田防治，在 6 月下旬水稻进入分蘖期起，结合防治水稻其他病虫兼治二代、狠治三代灰飞虱，控制水稻拔节期和穗期条纹叶枯病发生和流行。

六 稻瘟病

水稻稻瘟病广泛发生于我国水稻区，个别年份大流行，产量损失 15% 左右，严重田块损失达 50% 以上，甚至绝收。稻瘟病的症状在不同发生时期和发病部位可分为苗瘟、叶瘟、节瘟、穗颈瘟和谷粒瘟。其中节瘟和穗颈瘟危害较大。

温度主要影响水稻和病菌的生长发育，湿度则影响病菌孢子的形成、萌发和侵入。当气温在 20 ～ 30 ℃，田间湿度在 90% 以上，稻株体表保持一层水膜的时间达 6 ～ 10 小时，分生孢子最易萌发侵入，稻瘟病就容易发生。

图 4-11　水稻叶瘟

图 4-12　水稻叶鞘瘟

（一）监测方法

一是叶瘟调查。自水稻三叶期、移栽（抛秧）稻活棵起至始穗止，每5天调查一次。二是叶瘟普查。分别在分蘖末期和孕穗末期各查一次。调查按病情程度选择当时田间轻、中、重三个类型田，调查叶发病率。三是空中孢子动态观察。每年开机时间可在水稻抽穗前一个月至抽穗止。每天03时开机，捕捉2小时。早晨收片。每天用10×10倍带十字推进器的生物显微镜计数18毫米×18毫米范围内的分生孢子数量。四是穗颈瘟调查。从水稻破口开始至腊熟期止，每5天一次。五是穗瘟普查。在病情基本稳定的腊熟期至黄熟期，每块田跳跃式取查100丛，计算发病株率和损失率等。

（二）农业防治

一是要选育选用抗病品种。要做好抗病品种的选用和培育，并且2～3年要更换一次品种，提高群体的抗病能力。二是要处理病稻草。凡发病稻草宜放入室内，不能放野外和用来捆秧，放在野外的要进行处理。三是要加强栽培管理。要做好水浆管理，促进水稻生长健壮，提高抗病性。四是要合理施肥。要注意氮、磷、钾肥配合施用，适当施用含硅酸的肥料，施足基肥，早施追肥，提高抗病能力。五是要合理密植。要适时栽插，适当稀植，有效降低田间群体密度、提高植株间的通透性，提高植株的自然抗病性能。

（三）化学防治

预防穗颈瘟是水稻稻瘟病防治的最后环节。一是凡发病田块和常发品种、常发地带都应施药防治。二是第一次施药在水稻破口期，第二次施药在水稻齐穗期。三是可选用20%三环唑可湿性粉剂每亩 100 克，或 20% 井冈·三环唑悬浮剂或可湿性粉剂每亩 100 ~ 150 毫升，兑水 50 千克进行喷雾。

七 小麦赤霉病

小麦赤霉病俗称"烂头麦"，是世界性的小麦病害之一。我国各地均有发生，赤霉病会引起苗枯、茎腐和穗腐，流行年份病穗率常达 50% 以上，不仅产量大减，品质变劣，而且病粒还含有毒素，食后可引起人畜中毒。

赤霉病的发病程度，从气候条件来说，主要与发病前后期的温度高低、雨水多少、湿度大小等有关。从小麦发病前 10 天的气候条件来看，主要有三种气候特点，与发病轻重有关：

高温高湿多雨天气 即发病前 10 天温度高，雨量、雨日多，空气湿度大，平均气温在 15 ℃以上，相对湿度在 85% 以上的暖湿天气 10 天内有 7 ~ 8 天，对赤霉病的发生和流行极为有利，故一般多重病年。

高温高湿少雨天气 发病前，雨日、雨量并不多，但多春雾或者连续阴天，空气湿度大，温度较高，也有利赤霉病发生，这种天气一般为中等流行年。

低温高湿多雨天气 平均气温多数情况在 14 ℃上下，但由于连续阴雨，空气湿度大，平均相对湿度持续在 85% 以上，也会发生赤霉病，但一般为轻病年。

图 4-13　小麦赤霉病病穗

图 4-14　小麦赤霉病重发田块

（一）监测方法

一是稻桩带菌率调查。每年在 3 月 20 日起，选择不同类型麦田监测穴、株带菌率，每 5 天一次。二是稻柱子囊壳发育进度调查。当查见子囊壳堆时，每 5 天一次用显微镜检查成熟度。三是空中孢子消长观察。每年在 4 月 1—30 日开启孢子捕捉器，镜检 18 毫米 ×18 毫米范围内的分生孢子数量。四是小麦生育期观察。结合病情系统观察时，观察小麦孕穗期、抽穗始期、齐穗期、始花期、盛花期、盛花末期这几个关键期记载。五是病情系统观察。从抽穗始期起，每日观察病穗始见期。

（二）农业防治

一是建议适当减少小麦种植比例，扩种大麦数量，特别是病情发生较重的沿江、沿海地区，要减少二麦种植面积，扩种绿肥或其他作物，减轻赤霉病的自然发生。二是目前种植的小麦品种中，虽然没有绝对免疫品种，但现阶段可在品种布局上进行调整，选用当地上一年自然发病轻或不发病品种，淘汰高感病品种。三是要合理排灌，要做到沟系排水畅通，麦子收获后要深耕灭茬，减少菌源。

（三）药剂防治

防治重点是在小麦扬花期预防穗腐发生，一是要在小麦齐穗扬花初期（扬花株率 5% ～ 10%）用药。二是选择渗透性、耐雨水冲刷性和持效性较好的农药，可选用 25% 氰烯菌酯悬浮剂每亩 100 ～ 200 毫升，或 40% 戊唑·咪鲜胺水乳剂每亩 20 ～ 25 毫升，或 28% 烯肟·多菌灵可湿性粉剂每亩 50 ～ 95 克，兑水 30 ～ 45 千克细雾喷施。三是视天气情况、品种特性和生育期早晚再隔 7 天左右喷第二次药，并要交替轮换用药。

八 麦蚜

麦蚜的成虫和若虫可刺吸小麦茎、叶和嫩穗的汁液。小麦苗期受害，轻则叶色发黄、生长停滞、分蘖减少，重则麦株枯萎死亡。穗期受害，麦粒不饱满，严重时麦穗干枯不结实，甚至全株死亡。此外，麦蚜还可以传播多种麦类病毒病。

中温低湿是麦蚜发生的主要条件，最适温度是 15 ~ 22 ℃，相对湿度 35% ~ 67%。气温达 30 ℃以上时，生长发育停止。

（一）监测方法

一是系统调查。在小麦返青至乳熟期，每 5 天调查一次，采用对角线 5 点取样，每点固定 50 株，调查有蚜株数和百株蚜量。二是大田普查。分别在小麦苗期、拔节期、孕穗期、抽穗扬花期、灌浆期进行 5 次普查，调查有蚜株率和百株蚜量。

图 4-15　麦子叶片背面麦蚜

图 4-16　麦穗上麦蚜

（二）农业防治

一是秋季要清除田埂和沟边杂草，增施有机肥。二是适时播种，合理密植，早春施足追肥，促使麦株生长健壮，增进抗蚜能力。三是要进行冬季压麦，控制麦苗徒长和减少冬春季麦蚜的繁殖基数，以及促进根系生长。

（三）化学防治

一是防治关键时期在小麦抽穗至灌浆期。二是药剂可用 10% 醚菊酯悬浮剂每亩 60 ~ 80 毫升或 25% 吡蚜酮可湿性粉剂每亩 20 克进行防治。三是在防治适期如遇过程性天气或连续阴雨天气，要抓住晴天突击防治。

九 油菜菌核病

油菜菌核病是油菜生产中的重要病害，常年株发病率在 10% ~ 30%，严重田块达 80% 以上；病株一般减产 10% ~ 70%。叶片染病形成近圆形至不规则形病斑，病斑中央黄褐色，外围暗青色。角果染病现水渍状褐色病斑，后变灰白色，种子瘪瘦。茎部染病后发展为具轮纹状的长条斑，后期病茎内髓部烂成空腔，内生很多黑色鼠粪状菌核。

油菜菌核病自苗期到接近成熟都有发生，而主要发生在终花期以后，茎、叶、花、荚各部都可受害，以茎部受害最重。影响发病的因素除了决定于病菌本身内在因素外，还决定于温度和湿度。如果温度稳定在 15 ℃左右，同时日平均相对湿度在 80% 以上，连续 5 天以上，病菌就迅速萌发。在湿度最适宜的基础上，温度决定病害的发生期和受害程度。

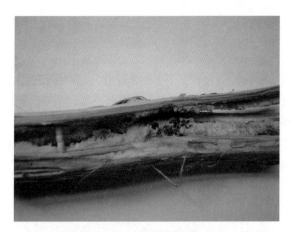

图 4-17　油菜茎秆内菌核

图 4-18　油菜茎秆受害

（一）监测方法

一是田间子囊盘消长动态调查。选择油菜田一块，将当年采集的菌核100粒，播入表土下3厘米深处，每粒菌核相距3厘米，当春季气温通过5℃后开始，每5天调查一次，至子囊盘消失为止，计数菌核萌发数和萌发率。二是田间病情消长调查。3月下旬起，选择当地主栽油菜品种，每5天调查一次，调查叶病株率、茎病株率和病情指数。

（二）农业防治

一是要清理沟系，做到雨停不积水，以降低地下水位和田间湿度，减少病菌流行。二是要合理施好临花肥，防止盲目多施或施肥过晚，增强油菜的抗病能力。

（三）化学防治

一是防治适期。于油菜盛花始期普防一次，盛花期如遇多雨天气，隔7～10天再防第二次。二是选用药剂。可用25%多·酮可湿性粉剂（赤霉清）每亩100克或用双菌清100克，小机加水50千克喷雾或大机加水20千克弥雾。

十　西瓜白粉病

白粉病多发生在生长中、后期，青浦区主要集中在4月下旬—5月下旬。主要发生在叶片，但也危害茎蔓及叶柄，果实不易发此病。主要由空气和流水传播病原。分生孢子在10～30℃内都萌发，而20～25℃最为适宜。湿度大，温度在16～24℃时，发病严重。植株徒长、枝叶过密、通风不良、光照不足均有利发此病。

图 4-19 西瓜白粉病

（一）农业防治

选用抗病的优良品种，培育出无病的壮苗。合理密植，保持大棚内通风，降低棚内相对湿度。

（二）化学防治

轻微发病时，"速净"按 300 ～ 500 倍液稀释喷施，5 ～ 7 天用药 1 次；病情严重时，"速净"按 300 倍液稀释喷施， 3 天用药 1 次，喷药次数视病情而定。

十一 草莓炭疽病

草莓炭疽病发生在育苗期和定植初期，结果期很少发生，主要危害匍匐茎、叶柄、叶片、托叶、花瓣、花萼和果实。

草莓炭疽病是典型的"高温高湿"型病菌，发病的适宜温度为 28 ~ 32 ℃，相对湿度 90% 以上。5 月下旬后，当气温上升到 25 ℃时，匍匐茎、近地面嫩叶易受病菌侵害；7 ~ 10 月间在高温高湿条件下，病菌传播蔓延快，特别是连阴雨天、暴雨后出现晴热天或午后热阵雨后易发生*。

图 4-20 草莓炭疽病

---

* 引自《草莓大棚栽培技术指南》（上海农业技术推广中心编写）。

（一）农业防治

7 ~ 8 月高温季节，覆盖遮阳网。

（二）化学防治

定植后用多菌灵 800 倍液浇根一次。苗期用 25% 阿米西达悬浮剂 1500 倍喷液，或百菌清 600 ~ 800 倍液，或炭特灵 600 倍液，或适乐时 1500 倍交替使用，7 ~ 10 天防治一次。

十二　草莓白粉病

草莓白粉病发生在开花坐果期至采收期，主要危害叶片、叶柄、花及花梗和果实，匍匐茎上很少发生。

白粉病发病的适宜温度为 15 ~ 25 ℃，相对湿度 90% 以上，但雨水对白粉病有抑制作用；温度低于 5 ℃ 和高于 35 ℃均不利于发病。发病盛期一般在 10 月下旬—12 月和 2 月下旬—5 月上旬。

图 4-21　草莓白粉病

（一）农业防治

摘除病叶、病果。确保大棚内通风，降低棚内相对湿度。

（二）化学防治

用腈菌唑 12.5% 乳油 1500 倍液喷雾，或世高 10% 水分散颗粒剂，每亩 50 克兑水 1500 倍喷雾，或 40% 福星乳油 4000 ~ 5000 倍喷液，或 50% 硫磺胶悬剂 300 倍液。

十三 草莓灰霉病

草莓灰霉病发生在开花坐果期至采收期，主要危害果实，花及花蕾、叶片、叶柄、匍匐茎均可感染。病菌喜温暖潮湿，发病最适气温为 18 ~ 25℃，相对湿度 90% 以上。

图 4-22　草莓灰霉病

（一）农业防治

不要过量施用氮肥。摘除病叶、病果。确保大棚内通风，降低棚内相对湿度。

（二）化学防治

发病初期用 50% 腐霉利（速克灵）可湿性粉剂 1500 ~ 2000 倍液，或 50% 扑海因可湿性粉剂 1000 倍液，或 70% 代森锰锌 500 倍雾。

十四 青菜根肿病

青菜根肿病仅危害根部。初发病时，肿瘤表皮光滑，呈圆球形或近球形，后表面粗糙，出现龟裂，易被其他腐生菌侵染而发出恶臭。根部受害后可影响地上部分的生长，使叶色变淡，生长迟缓、矮化，发病严重时出现萎蔫症状，以晴天中午明显，起初夜间可恢复，后来可使整株死亡。

根肿病病菌喜温暖潮湿的环境，适宜发病温度 9 ~ 30 ℃，最适发病温度 19 ~ 25 ℃，相对湿度 70% ~ 98%。发病盛期一般在 5—11 月。夏秋多雨或梅雨期多雨的年份发病重，酸性土壤发病严重。

（一）农业防治

培育抗病品种。加强管理，科学轮作，深沟高畦栽培，雨后及时清理沟系，施用碱性肥料。

（二）化学防治

夏秋季对病重田块进行土壤消毒，可用 50% 多菌灵 600 倍液或敌克松 500 倍液泼施。

图 4-23　青菜根肿病

十五　青菜菌核病

青菜菌核病主要危害植株的茎基部，也可危害叶片、叶球、叶柄、茎及种荚，苗期和成株期均可染病。苗期染病会在茎基部出现水渍状的病斑，而后腐烂或猝倒。

菌核病病菌喜温暖潮湿的环境，适宜发病温度 0 ~ 30 ℃，最适发病温度 20 ~ 25 ℃，相对湿度 90% 以上；最适感病生育期为生长中后期。发病盛期一般在 2—6 月。早春低温、连阴雨或多雨、梅雨期多雨的年份发病重。

（一）农业防治

选用无菌良种。合理密植，适当稀植。最好与禾本科作物隔年轮作，同时深耕土壤。

（二）化学防治

在发病初期开始喷药，用药防治间隔期 7 ~ 10 天，连续喷雾 2 ~ 3 次，重病田视病情发展，必要时还要增加喷药次数。可选 400 克/升嘧霉胺悬浮剂（施佳乐）800 ~ 1000 倍液、50% 啶酰菌胺水分散粒剂（凯泽）1000 ~ 1200 倍液、6% 春雷霉素可湿性粉剂 300 ~ 400 倍液等喷雾防治。也可选 50% 乙烯菌核利可湿性粉剂（农利灵）1000 倍液、50% 腐霉利可湿性粉剂（速克灵）1000 倍液、50% 托布津可湿性粉剂（农利灵）1000 倍液等喷雾防治。

十六 杭白菜霜霉病

杭白菜霜霉病主要危害叶片，也能危害茎、花梗直至种荚，在杭白菜各生育期均可发病。叶片染病从莲座期开始，一般先由外部叶片发生。发病初始，叶片正面出现淡绿色或黄绿色水渍状斑点，后扩大成淡黄或灰褐色，边缘不明显，病斑扩展时常受叶脉限制而成多角形。幼苗期受害，叶片、幼茎会变黄枯死。

霜霉病病菌喜温暖潮湿的环境，适宜发病温度 7 ~ 28 ℃，最适发病温度 14 ~ 20 ℃，相对湿度 90% 以上。发病盛期在 4—7 月、9—11 月。

（一）农业防治

加强管理，科学轮作，雨后及时清理沟系，培育抗病品种。

（二）化学防治

田间始见病害是防治适期，多晴少雨天气时，每隔 7 ~ 10 天防治 1 次；多阴雨、多重雾天气时，每隔 5 ~ 7 天防治 1 次。防治时应注意多种不同类型农药的合理交替使用。可选 687.5 克 / 升氟吡菌胺·霜霉威悬浮剂（银法利）600 ~ 800 倍液、75% 丙森锌·霜脲氰水分散粒剂（驱双）1000 ~ 1200 倍液等喷雾防治。也可选 73% 霜霉威水剂（霜危、普力克）600 ~ 800 倍液、53% 甲霜灵·锰锌可湿性粉剂（金雷多米尔）600 ~ 800 倍液等喷雾防治。

十七　杭白菜软腐病

杭白菜软腐病由细菌软腐欧氏杆菌侵染所致，俗称烂菜、坏菜。植株苗期较抗病，一般从莲座中后期有个别植株开始发病，发病盛期常在植株生长中期至采收前后。

软腐病病菌喜温暖高湿的环境，适宜发病温度 10 ~ 38 ℃，最适发病温度 25 ~ 35 ℃，相对湿度 90% 以上。发病盛期在 4—11 月。

（一）农业防治

选用抗病品种。采取高畦或起垄栽培方式。做好雨后排水和灌水。

（二）化学防治

初发病期每 7 ~ 10 天喷药 1 次，发病盛期每 5 ~ 7 天喷药 1 次，连续喷 2 ~ 3 次。可选 20% 噻菌铜悬浮剂（龙克菌）300 ~ 400 倍液或 6% 春雷霉素可湿性粉剂 300 ~ 400 倍液等大水量喷雾。

也可选 72.2% 霜霉威水剂（普力克）800～1000 倍液、新植霉素 100 万单位 5000 倍液、72% 农用链霉素可湿性粉剂 3000～4000 倍液、30% 天 T 杀菌剂 600～800 倍液等大水量喷雾。

十八　小菜蛾

适宜小菜蛾生长发育的温度范围为 8～40℃；最适环境温度为 20～30℃，相对湿度 70% 以下。对环境的适应性较强，在 12～35℃ 温度下都可正常生长、发育、繁殖，在 35～40℃ 的高温区仍能生存，但种群繁殖受到明显的抑制。

小菜蛾发生盛期在 5—6 月（2—4 代危害最重）、9—10 月（9—11 代危害中等）。苗期受害可引起毁苗，秧苗移栽后因中心叶危害而使新叶无法正常生长，导致毁种，生长后期严重受害可影响包心，引发软腐病等，造成大幅度减产。在留种蔬菜上还取食嫩茎，钻食幼嫩的种荚，影响留种菜株的采制种。

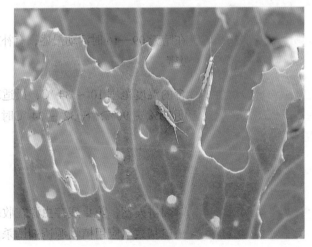

图 4-24　小菜蛾

（一）农业防治

十字花科蔬菜收获后及时翻耕灭茬，防止残存虫源在收获后的残菜叶上繁殖，减少田间虫口基数，并在茬口安排中尽量避免十字花科蔬菜周年连作栽培。重发生地区可在盛发期选择瓜类、豆类等作物茬口轮作，实施栽培避虫。合理利用小菜蛾怕雨水的特点，干旱时把浇水灌溉改为喷灌方式，通过人工造雨措施可减少小菜蛾的发生与危害。

（二）化学防治

在幼虫卵孵盛期至一二龄幼虫高峰期施药。该虫有很强的抗药性，因此在选用农药时要注意交替用药。可选以苏云金杆菌（简称BT）为主的系列生物农药防治，如BT乳剂300～500倍液喷雾。也可选用5%氯虫苯甲酰胺悬浮剂（普尊）1000倍液、24%氰氟虫腙悬浮剂（艾法迪）600～800倍液等喷雾防治。

十九 菜粉蝶

菜粉蝶成虫具日出性，在晴天09—16时活动最盛，有补充营养的习性，喜在开花植物上吸蜜。

适宜菜粉蝶幼虫生长发育的温度范围10～34℃，最适环境温度为20～25℃；相对湿度70%～90%；在32～34℃时，幼虫自然死亡率高。

（一）农业防治

十字花科蔬菜收获后及时翻耕灭茬，防止残存虫源在收获后的残菜叶上繁殖，减少田间虫口基数。应用植物源诱剂诱杀成虫或采取微生物防治。

图 4-25　菜粉蝶

（二）化学防治

在幼虫二龄发生盛期防治，用药间隔 7 ~ 10 天，连续防治 2 次左右。由于幼虫抗性较差，可兼治幼虫的农药较多，春季常与防治小菜蛾兼治，秋季常与防治甜菜夜蛾、斜纹夜蛾、小菜蛾等兼治。

二十　甜菜夜蛾

成年甜菜夜蛾夜出活动，对黑光灯有趋光性，趋化性较弱。

适宜甜菜夜蛾生长发育的温度范围为 15 ~ 42 ℃，最适环境温度为 25 ~ 35 ℃，相对湿度 80% ~ 95%，土壤含水量

20% ～ 30%。上海地区甜菜夜蛾的发生盛期在7—10月（2—4代），幼虫可食害叶片，严重时可吃光叶片，四龄以上幼虫还可钻食甘蓝、大白菜、甜椒，番茄等，造成烂菜、落果、烂果等。取食叶片造成的伤口和污染可使植株易感染软腐病。

图 4-26　甜菜夜蛾

（一）农业防治

在每年虫害发生初期，应用甜菜夜蛾性诱剂，每2亩1个，每天2 ～ 3天清除诱捕到的成虫，高效诱芯的防治效果可达到50% ～ 70%，可大幅减少化学农药的应用。

采收甘蓝、花椰菜、萝卜等十字花科类的蔬菜，要及时清除残茬，减少虫源。全田换茬时要深耕灭蛹。

（二）化学防治

掌握在幼虫卵孵盛期至一二龄幼虫高峰期施药，在发生高峰期，一个代次根据虫口密度防治1 ～ 2次。防治间隔期7 ～ 10天。

可选用 5% 氯虫苯甲酰胺悬浮剂（普尊）1000 倍液、10% 虫螨腈悬浮剂（除尽）1000 ~ 1500 倍液等喷雾防治。也可选 5.7% 甲氨基阿维菌素苯甲酸盐微乳剂（劲翔）3000 ~ 4000 倍液、2.2% 甲氨基阿维菌素苯甲酸盐微乳剂（三令）2000 倍液等喷雾防治。

二十一 斜纹夜蛾

成虫夜间活动，对黑光灯有趋光性，还对糖、醋、酒及发酵的胡萝卜、麦芽、豆饼、牛粪等有趋化性，产卵前需取食蜜源补充营养。

适宜斜纹夜蛾生长发育的温度范围为 20 ~ 40 ℃，最适环境温度为 28 ~ 32 ℃，相对湿度 75% ~ 95%，土壤含水量 20% ~ 30%。上海地区斜纹夜蛾的发生盛期在 7—10 月（2—4 代），常与甜菜夜蛾同期发生。

图 4-27　斜纹夜蛾

（一）农业防治

采收甘蓝、花椰菜、萝卜等十字花科类蔬菜要及时清除残茬，减少虫源。全田换茬时要深耕灭蛹。

（二）化学防治

可选用240克/升氰氟虫腙悬浮剂（艾法迪）600 ~ 800倍液、10%虫螨腈悬浮剂（除尽）1500 ~ 2000倍液等喷雾防治。也可选2.2%甲氨基阿维菌素苯甲酸盐微乳剂（三令）2500 ~ 3500倍液等喷雾防治。

二十二 茭白瘟病

茭白瘟病主要危害叶片。

病菌喜温暖高湿的环境，适宜发病的温度范围为18 ~ 35℃；最适发病环境温度为22 ~ 30℃，相对湿度90%以上；最适感病生育期在成株期至采收期。发病盛期在5—9月。春、夏季多雨或梅雨期间多雨的年份发病重。

图4-28 茭白瘟病

（一）农业防治

实行轮作，合理密植，增加田间通风透光性。加强田间管理，冬施腊肥，春施发苗肥，增施腐熟后的有机肥，促进茭白生长，提高抗病力。

（二）化学防治

在发病初期开始喷药，每隔 7 ~ 10 天喷 1 次，连续喷雾防治 2 ~ 3 次；重病田视病情发展，必要时可增加喷药次数。可选用 20% 井冈霉素可湿性粉剂 1000 倍液、2% 春雷霉素水剂 500 倍液、20% 苯醚甲环唑微乳剂（捷菌）2000 ~ 3000 倍液等喷雾防治。也可选用 50% 多菌灵可湿性粉剂 500 ~ 600 倍液、70% 甲基硫菌灵可湿性粉剂（甲基托布津）1000 倍液、50% 异菌脲可湿性粉剂（扑海因）1000 ~ 1500 倍液等喷雾防治。

二十三 茭白胡麻斑病

茭白胡麻斑病主要危害叶片，也能危害叶鞘。

病菌喜高温潮湿的环境，适宜发病的温度范围为 15 ~ 37 ℃，最适发病环境温度为 25 ~ 30 ℃，相对湿度 85% 左右，最适感病生育期为成株期、采收期。发病盛期在 6—9 月。梅雨期间多雨的年份发病重，夏秋季多雨的年份发病重，田块间连作地、缺肥的田块发病重，栽培上种植过密、通风透光差、植株生长不良的田块发病重。

图 4-29 茭白胡麻斑病

（一）农业防治

冬前割茬时将残株带出田外深埋或烧毁，减少病叶残留量。冬施腊肥，春施发苗肥，增施腐熟后的有机肥，不偏施氮肥，促进茭白生长，提高抗病力。同时选择无病田块留种。

（二）化学防治

在发病初期开始喷药，每隔 7～10 天喷 1 次，连续喷雾防治 2～3 次，重病田视病情发展，必要时可增加喷药次数。可选用 20% 井冈霉素可湿性粉剂 1000 倍液、2% 春雷霉素水剂 500 倍液等喷雾防治。也可选用 50% 多菌灵可湿性粉剂 500～600 倍液、70% 甲基硫菌灵可湿性粉剂（甲基托布津）1000 倍液、50% 异菌脲可湿性粉剂（扑海因）1000～1500 倍液等喷雾防治。

二十四　茭白纹枯病

茭白纹枯病主要危害叶片和叶鞘。

病菌喜高温潮湿的环境，适宜病菌生长的温度范围 10 ~ 40 ℃，最适发病环境温度为 28 ~ 32 ℃；相对湿度 95% 以上；最适感病期为分蘖期至孕茭期。发病潜育期 3 ~ 5 天。发病盛期在 5—9 月。春、夏季多雨或梅雨期间多雨的年份发病重。

图 4-30　茭白纹枯病

（一）农业防治

实行轮作，清洁田园，冬前割茬时，将残株带出田外深埋或烧毁，不留残株在田间。加强肥水管理，调节各生育期的灌水深浅，合理密植，冬施腊肥，春施发苗肥，增施腐熟后的有机肥，不偏施氮肥，促进茭白生长，提高抗病力。

（二）化学防治

在茭白分蘖中后期的发病始见期开始用药，防治间隔期 7 ～ 10 天，连续防治 3 ～ 5 次。可选 30% 苯醚甲环唑·丙环唑乳油（爱苗）2000 倍液、15% 井冈霉素 A 可溶性粉剂（稻纹清）1500 ～ 2500 倍液、10% 井冈·蜡芽菌悬浮剂（真灵）500 ～ 600 倍液、20% 井冈·三环唑悬乳剂（纹瘟净）1000 倍液、240 克/升噻呋酰胺悬浮剂（满穗）（防治间隔期 20 ～ 30 天）1200 ～ 1500 倍液等喷雾防治。也可选 5% 井冈霉素水剂 250 ～ 300 倍液、50% 异菌脲可湿性粉剂（扑海因）800 ～ 1000 倍液等喷雾防治。

二十五 茭白锈病

茭白锈病主要危害叶片。

病菌喜温暖潮湿的环境，适宜发病的温度范围 8 ～ 30 ℃，最适发病环境温度为 14 ～ 24 ℃，最适感病生育期在分蘖期至孕茭期。主要发病盛期在 5—10 月。梅雨期多雨，夏秋高温、多雨的年份发病重。

（一）农业防治

合理轮作，清洁田园，冬前割茬时，将残株、残叶带出田外深埋或烧毁，减少老叶残留量。加强肥水管理，冬施腊肥，春施发苗肥，增施腐熟后的有机肥，不偏施氮肥，促进茭白生长，提高抗病力。

（二）化学防治

在发病初期开始喷药，用药间隔期7～10天，连续防治2～3次。可选30%苯醚甲环唑·丙环唑乳油（爱苗）2000倍液、20%苯醚甲环唑微乳剂（捷菌）1500～2000倍液、430克/升戊唑醇悬浮剂（好力克）3000～4000倍液、18%戊唑醇微乳剂（安盈）1500～2000倍液、400克/升氟硅唑乳油（福星）5000～6000倍液等喷雾防治。戊唑醇悬浮剂（好力克）、戊唑醇微乳剂（安盈）、氟硅唑乳油（福星）等有药害，要慎重使用。也可选50%异菌脲可湿性粉剂（扑海因）800～1000倍液、64%恶霜·锰锌可湿性粉剂（杀毒矾）1000倍液、80%代森锰锌可湿性粉剂（大生M-45、山德生）600～800倍液等喷雾。

参考文献

湖北省农业厅,湖北省气象局.2009.农业灾害应急技术手册.武汉: 湖北科学技术出版社.

胡毅,李萍,杨建功,等.2007.应用气象学.北京:气象出版社.

李惠明,赵康,赵胜荣,等.2012.蔬菜病虫害诊断与防治.上海: 上海科学技术出版社.

许昌燊等.2004.农业气象指标大全.北京:气象出版社.

于恩洪.1995.科学养虾.北京:气象出版社.

郑大玮,郑大琼,刘虎城.2005.农业减灾实用技术手册.杭州: 浙江科学技术出版社.